Michele Caricato

Non mi piace stare solo

Come prevenire e affrontare l'ansia da separazione del nostro cane

Introduzione di Lucilio Santoni

infinito
edizioni

Prima edizione: maggio 2015
Infinito edizioni S.r.l.
Formigine (MO)
Posta elettronica: info@infinitoedizioni.it
Sito Internet: http://www.infinitoedizioni.it
Facebook: Infinito edizioni
Twitter: @infinitoed

ISBN 9788868610838

Copertina: Infinito edizioni
Impaginazione e grafica: Infinito edizioni
Immagine di copertina: © Laura Di Marco (per gentile concessione)
Immagini interne: Laura Di Marco (per gentile concessione)

Print at Rotomail Italia S.p.A. – Vignate (MI)

Indice

Introduzione

di Lucilio Santoni,
scrittore, poeta, filosofo

La nostra *routine* quotidiana ci porta a lavorare come iloti e abbiamo fatto della nostra vita una monotonia senza fine, nel trascorrere dei giorni sempre uguali, senza un minimo sussulto di vitalità.

In questo cammino, nella nostra esistenza immersa nel cosiddetto progresso, abbiamo trascinato anche i nostri amici animali, in particolare i cani.

Nel libro di Michele Caricato scopriamo le nostre colpe di "padroni impegnati", e come dargli torto? Ma, come sappiamo dai grandi filosofi e pensatori, al pessimismo e alle difficoltà è bene che corrisponda l'ottimismo del cuore. E l'autore lo possiede. Dalla sua esperienza di cinofilo e addestratore, ci propone tabelle ed esercizi, consigli e pratiche da seguire, per dire, in fondo, che la vicinanza col nostro cane può davvero restituirci un po' di quell'animalità e di quella felicità perdute. La relazione con il nostro miglior amico a quattro zampe, se correttamente impostata, può rispondere al nostro bisogno di consolazione, può farci assaggiare quello splendido sentimento che è l'amore disinteressato.

Non mi piace stare solo è un ottimo manuale che insegna come il rapporto con il completamente altro, con l'animale non umano, mostri la necessità della poesia nella nostra vita, della bellezza, del sacro, rinunciando un po' a tutto quanto è organizzato ed efficiente.

La necessità di un mondo senza parole, fatto di sguardi e di profonda sensibilità, di anarchia che non si lascia imbrigliare e controllare, di spazi e momenti gratuiti che nutrono l'anima e restituiscono la dignità della vita.

Lungo tutti i capitoli che lo compongono, fatti anche di schemi, di numeri e precetti che potrebbero in apparenza sembrare "freddi", si avverte invece un calore costante che, oltre alla mente, raggiunge spesso il cuore, e che può solo essere frutto di passione per la vita. Prova ne sia il sapore inconfondibile che si avverte a termine lettura: il gusto di aver imparato che la vita può essere piena in ogni luogo e con quel poco che si ha, poiché poche sono le cose che contano veramente.

Prologo

Noi amiamo condividere tutto con il nostro cane, ma i nostri impegni ci costringono spesso a lasciarlo a casa da solo. Essendo un animale sociale, il nostro amico a volte non vive bene questa situazione arrivando ad abbaiare, protestare, distruggere oggetti o fare i suoi bisognini per casa. In alcuni casi è la noia a guidare questi comportamenti, altre volte un eccesso di energie ma, molto spesso, ci troviamo di fronte a un comportamento che scaturisce da un forte stress dovuto all'incapacità di rimanere lontano dalle figure di riferimento.

Questo comportamento viene chiamato *ansia da separazione* o *iperattaccamento* e noi possiamo fare tanto per aiutare il cane a vivere in maniera serena le fasi della giornata durante le quali deve rimanere da solo. Noi adoriamo il modo in cui il nostro amico ci dimostra il suo amore e incentiviamo i suoi atteggiamenti riguardanti questa sfera; allo stesso tempo, però, dovremmo anche insegnargli a essere un po' indipendente e ad affrontare con tranquillità o addirittura con piacere i momenti di solitudine.

Conoscere a fondo il nostro cane e analizzare le sue abitudini sono i primi fondamentali passi per intraprendere un percorso che lo porterà a essere molto più sereno anche quando non sarà in nostra compagnia. Riuscire a dimostrargli la nostra fiducia, oltre che l'affetto, è il fondamentale passo successivo, con il quale provare quanto realmente teniamo a lui.

Il premio per questo piccolo sforzo sarà, come sempre accade, la scoperta di un mondo fantastico che porterà tanti benefici anche a noi. L'entusiasmo del nostro amico ci trascinerà quando condivideremo con lui tanti divertenti momenti grazie ad attività sane e naturali che ci faranno sviluppare un rapporto speciale e una complicità unica. Così saremo una coppia magnifica che ha imparato a godersi appieno tutti i momenti della vita.

Cos'è l'ansia da separazione

Una splendida cucciolata di cinque batuffoli di pelo si gode le amorevoli cure della mamma, che passa la giornata a pulirli, leccandoli delicatamente, e a nutrirli sopportando i loro assalti. I piccoli hanno tre settimane di vita e lei si allontana il minimo indispensabile per provvedere ai propri bisogni. In alcuni casi è molto protettiva nei loro confronti, ma comunque sempre con un certo equilibrio. Il contatto fisico è tanto e ogni volta che c'è qualcosa che preoccupa i piccoli, lei accorre immediatamente rispondendo alle loro richieste. I giorni passano e i cuccioli trascorrono sempre più tempo giocando tra di loro, con la mamma che li sorveglia e interviene ogni volta che è necessario, lasciandoli però sempre più tempo da soli. La curiosità dei cagnolini si fa ogni giorno più grande e la mamma permette che si allontanino per scoprire il mondo che li circonda. Quelli più intraprendenti prendono l'iniziativa di esplorare e gli altri, meno coraggiosi, seguono i fratelli nelle loro scorribande. Se capita qualcosa d'imprevisto, corrono tutti dalla mamma che è sempre lì, a disposizione, per dispensare coccole.

Quando arriva il momento del pasto è sempre una lotta ed è qui che i piccoli capiscono quanto sia importante "svegliarsi", essere reattivi, ma anche rispettosi. Lo stesso discorso vale per i giochi, durante i quali iniziano a mimare tutte le attività che si trasformeranno, da adulti, nel fondamento della propria vita. Vedere dei cuccioli giocare è probabilmente una delle attività più divertenti che io abbia mai fatto e passerei dei giorni interi a guardarli correre, inseguirsi, inciampare, rialzarsi goffamente e lanciarsi addosso al primo fratellino che capita a tiro; qualunque oggetto trovato assume un'importanza sostanziale nell'ambito della competizione e per intraprendere una nuova avventura con regole e ruoli che cambiano ogni volta. Alla fine delle scorrerie, distrutti, i cuccioli tornano mestamente alla loro cuccia e lì sprofondano in un sonno ristoratore nella morbida pelliccia della loro mamma.

Quest'idillio però non durerà ancora molto e verrà sostituito dapprima da indifferenza, poi da freddezza, infine da una chiusura molto severa da parte del genitore. I piccoli vengono redarguiti in maniera sempre più decisa se il loro comportamento è inopportuno e gli assalti, per eventuali poppate, non vengono assolutamente più tollerati. Anche i piagnistei e i lamenti iniziano a essere sempre più ignorati. Nonostante la parvenza, non accade niente di terribile; è tutto calcolato dalla brava mamma e dalla natura. La momentanea perdita di questo riferimento così importante spronerà i cuccioli a cavarsela sempre più da soli, acquisendo quell'indipendenza essenziale per formare il proprio carattere. La mancanza o la riduzione del riferimento più importante stimolerà molto i nostri piccoli amici a stringere nuove relazioni e a sperimentare personalmente le conseguenze dei loro comportamenti sociali. Impareranno infatti a dosare la propria irruenza per migliorare gli approcci e stringere nuove amicizie. Capiranno sempre di più gli atteggiamenti dei propri simili e sapranno scegliere con quali può essere gradevole giocare e quelli da cui, invece, è meglio tenersi un po' a distanza.

Grazie a questa fondamentale fase il giovane, con il suo bagaglio di esperienze (regole di approccio, gerarchiche e di comunicazione), potrà entrare a far parte del branco, scoprendo man mano la sua funzione, imparando quali sono i suoi compiti e vivendo una vita serena e felice in seno al suo gruppo.

Quando un cucciolo arriva nella sua nuova famiglia umana viene accolto sempre con tanto affetto e c'è da parte di tutti molta disponibilità a occuparsi delle sue esigenze. Quest'atteggiamento è fondamentale perché il cane si senta ben accetto e capisca qual è il suo nuovo branco. Si potrebbe dire quindi che l'amore e la protezione siano la prima esigenza del nostro piccolo amico e che la loro mancanza può avere un'influenza negativa nella formazione del carattere. Questo concetto è abbastanza naturale per noi, ma non lo è altrettanto il rispetto delle altre esigenze del nostro piccolo amico: quelle che riguardano, per l'appunto, la sfera delle attività fisico/mentali, della disciplina e dell'indipendenza.

Le tre sfere principali del nostro cane sono:

- *la sfera sociale*, che comprende sia l'interazione affettiva con la famiglia, i suoi simili e le persone, sia l'istinto di esplorazione e quindi la scoperta di posti, odori e rumori. È il mondo che comprende le esigenze di base: sicurezza (protezione, soccorso, affetto e coccole) e sopravvivenza (riparo, cura, cibo e acqua). Come per la nostra cucciolata, è fondamentale l'equilibrio tra i momenti di attività e di scoperta di odori, rumori, persone, oggetti, propri simili e altri animali, il tempo dedicato al riposo, le coccole e la tranquilla vita in famiglia;

- *la sfera lavorativa*, ovvero lo sviluppo fisico e mentale del nostro amico, che ha tra le sue necessità quella di fare un'attività fisica regolare (corsa, passeggiata, salti, nuoto, eccetera), ma tenere anche ben impegnata la sua mente con attività che soddisfino i suoi bisogni istintivi (utilizzo dell'olfatto, ricerca del cibo, mordere, risoluzione dei problemi, apprendimento di esercizi, collaborazione col branco, giochi di riporto...). Grazie a questo, il cane riesce a sviluppare sicurezza nelle sue capacità. Ogni volta che facciamo misurare il nostro amico con i suoi sensi (cercare qualcosa con il naso), con il corpo (correre e giocare) e con la propria mente (risolvere un problema), lui acquista consapevolezza delle sue attitudini e acquisisce quell'esperienza necessaria per renderlo più cosciente delle proprie facoltà;
- *la sfera gerarchica*: una volta che il cane si sente protetto dal proprio branco ed è sereno grazie allo sviluppo di tutte le sue facoltà, si presenta l'esigenza di regolamentare il tutto e di creare un ordine e delle regole che mantengano questo stato più stabile possibile. È il mondo della calma e della chiarezza, nel quale il nostro amico si sente completamente realizzato grazie al suo ruolo ben preciso all'interno della famiglia e alla coerenza di quest'ultima, che gli garantisce d'essere premiato quando si comporta nella maniera corretta e rimesso in riga quando invece sbaglia. Il nostro amico ha bisogno di un padrone che sia capace di dargli dei limiti e delle competenze con assoluta calma, ma anche con profonda sicurezza. Senza mai arrabbiarsi, ma allo stesso tempo con la giusta determinazione.

L'equilibrio di questi tre mondi renderà il nostro cane un compagno tranquillo e felice, dagli occhi sereni e sempre entusiasta; la mancanza di uno o più di questi elementi porterà ansia e frustrazione, che si manifesteranno con comportamenti negativi.

Una delle manifestazioni più frequenti di questo malessere è l'ansia da separazione, ovverosia l'incapacità del cane di rimanere lontano dalla sua famiglia. Mentre la paura è un sentimento corretto e utile, l'ansia ha come caratteristica principale quella di non avere una base reale.

Il cane ha *paura* quando arriva nella nuova casa; così, le prime volte che il cucciolo viene lasciato da solo si sente insicuro, cerca di richiamare a sé il branco (di solito ululando) oppure prova lui stesso a raggiungere la famiglia (scavando o provando a fuggire dal posto in cui è stato confinato). Non sortendo le sue azioni alcun effetto, di solito comincia a riflettere sul da farsi e in questa fase realizza che non c'è alcun pericolo imminente. Col passare dei giorni il piccolo acquista sempre più sicurezza perché conosce sempre di più l'ambiente in cui vive e dove trascorre le sue giornate e sa bene che questo non solo è privo di pericoli, ma addirittura lo protegge da essi; sa che la famiglia ritorna sempre dopo essere partita, quindi non ha ragione di preoccuparsi; comincia a prendere i propri ritmi e si adatta ai nostri orari e abitudini.

Il cane però può provare *ansia*. Il cucciolo, nonostante sia certo del nostro ritorno, vive malissimo il momento in cui ci allontaniamo. Non riesce a impedire alla sua mente d'immaginare dei pericoli inesistenti e non acquisisce mai la consapevolezza che lui, da solo, può affrontare alcune situazioni di disagio. Tutto rappresenta fonte di stress, anche i momenti che precedono il nostro rientro a casa. Il cane è agitato quando non ci siamo ed è incapace di calmarsi fino al nostro ritorno, che però invece di trasformarsi in momento di felicità diventa uno scarico di tutta la tensione accumulata. Quest'atteggiamento alimenta ancora di più l'ansia che il cane avrà la volta successiva.

Per quanto sopra detto, la conclusione è che ci sono due mondi completamente diversi: quello della paura, che può essere positivo ed è fatto di certezze; quello dell'ansia, negativo, pieno di incertezze. La paura è costruttiva perché previene gli incidenti (è utile che il cane abbia paura delle auto in corsa); l'ansia è solo un limite spiacevole (il cane si blocca anche se non ci sono auto in arrivo perché ne è talmente terrorizzato che la sua mente rimane nello stato di ansia anche quando il pericolo è cessato).

Il caos, gradevole in alcune situazioni per l'uomo, è spesso la prima causa di destabilizzazione per il cane. Per questo motivo, riprendendo i tre mondi visti in precedenza (sociale, lavorativo e gerarchico), inizieremo a creare una mappa che sarà la nostra e la sua guida.

Per quello che riguarda l'aspetto gerarchico è spesso sufficiente stabilire una o due limitazioni per il nostro amico (divieto di accesso in alcune stanze, regole sul cibo, nostro atteggiamento neutro in alcune situazioni). La parte lavorativa è anch'essa abbastanza semplice da regolamentare e raramente è necessario introdurre più di venti minuti di esercizi di educazione di base al giorno e qualche gioco fatto assieme. Le regole sociali del cane sono invece un po' più complesse da comprendere per noi in quanto si basano su concetti molto semplici (naturali) e sulla coerenza. Vedremo più avanti di riassumere il tutto cercando di capire dapprima le nostre abitudini e adattandole poi al modo di vivere del nostro cane.

Vita da cane

Ogni persona ha abitudini e necessità giornaliere che, nel limite del possibile, tende a rispettare. Di norma la giornata di un umano comincia con un risveglio al mattino (più tardi possibile, ma alla fine ci si deve pur alzare...), con meno di un'ora a disposizione per prepararsi a uscire (lavarsi, vestirsi, colazione veloce) e recarsi, chi più chi meno, alla propria occupazione principale che definiamo "lavoro". Attraverso il lavoro l'uomo provvede alle sue necessità primarie (cibo e riparo) e a molte secondarie (cibo sovrabbondante, riparo con *optional*, attrezzature per aumentare il proprio *status* sociale...). Durante la fase lavorativa l'uomo cerca di sfuggire al proprio dovere o comunque spesso ne rallenta l'attività al minimo indispensabile. Al rientro a casa (pomeriggio inoltrato), la famiglia umana si riunisce per i rituali di branco (discussioni e litigi vari) che si riducono fortemente al momento della cena, fino a esaurirsi completamente sul divano (uno degli *optional* più importanti del riparo) davanti a uno strumento regolatore/condizionatore della vita umana chiamato televisore (l'*optional* più importante in assoluto). Il televisore, tra le altre cose, funge anche da strumento conciliatore del sonno. Spesso nella parte finale della settimana (il *weekend*) il branco umano lascia il territorio abituale per recarsi in posti nuovi a svolgere attività ludico/sportive oppure sfrutta il tempo libero per riposarsi.

E i cani?

In questi anni ho avuto la possibilità di raccogliere importanti dati sulle abitudini di cani e proprietari attraverso un questionario con domande che miravano ad avere un quadro generale di come il nostro amico trascorre le sue giornate. Ve lo propongo, invitandovi a riflettere su come, in alcuni casi, sia abbastanza normale che il cane sviluppi qualche problema.

Quando siete via, dove viene lasciato il cane?

La maggior parte dei cani rimane in casa mentre alcuni hanno a disposizione un terrazzo oppure un giardino. Quelli che restano all'esterno dell'abitazione hanno sicuramente maggiore possibilità di sfogare la propria energia fisica, ma non sono assolutamente immuni dallo sviluppare stress o ansia. In caso di noia, infatti, i molteplici stimoli a cui sono sottoposti inducono i nostri amici ad abbaiare in misura maggiore e, col passare del tempo, anche senza alcun motivo evidente. Alcune razze (soprattutto da pastore e terrier) sviluppano dei movimenti ripetitivi (fare avanti e indietro lungo la recinzione) e altre (retriever e cani da caccia in genere) si dilettano a scavare e a dare una sistemata alle piante. I problemi dei cani "casalinghi" invece riguardano soprattutto la distruttività e le vocalizzazioni (tipo ululato o abbaio disperato). Mordere e rosicchiare sono sicuramente un buon passatempo e quest'attività difficilmente è indirizzata sui giochi che abbiamo appositamente acquistato per loro. Molto più divertente "restaurare" un mobile dell'Ottocento! Per quello che riguarda la *location*, il nostro amico ha fondamentalmente bisogno di due cose: sicurezza e tranquillità. Avere tanto spazio a disposizione genera un maggior senso di insicurezza perché il cane deve tenere d'occhio più elementi e viene spinto all'esplorazione frenetica grazie anche alla presenza di una moltitudine di oggetti che stimolano la sua curiosità. Il mio parere è che in casa sia necessario limitare l'accesso a una sola stanza (dove mettiamo la sua cuccia, le ciotole e i giochi) mentre all'esterno sarebbe auspicabile trovare un posto tranquillo che non dia direttamente sulla strada o dove c'è molto passaggio, altrimenti il cane non avrà un attimo di pace sia che si tratti di un cane sicuro che di uno meno spavaldo. Spesso anche animali inizialmente tranquilli e pacifici diventano iperattivi o sviluppano fobie e questo avviene anche a causa all'interazione negativa con persone o cani che passano troppo vicino all'area di riposo: ad esempio cani che sfidano abbaiando quando passano vicino alla recinzione, cani che fanno i propri bisogni per marcare il territorio del vostro cane, bambini dispettosi, auto o moto particolarmente rumorose, gatti, adulti che pensano d'essere allo zoo.

Per quanto tempo al giorno il cane rimane da solo?

Mediamente i nostri amici passano circa sei ore al giorno completamente da soli. È evidente che, durante questo tempo, qualcosa dovranno pur fare. A questo dato vorrei aggiungere quelle ore in cui, pur essendo noi presenti, il cane è comunque da solo. E quindi la capacità di combattere la noia viene messa sempre di più a dura prova. Come al solito, proviamo a metterci nei suoi panni per meglio comprendere la sua condizione.

Personalmente mi capita di riflettere su questo concetto durante i miei viaggi, perché o sono poco impegnato o non lo sono per niente. Allora mi chiedo: *quanto si può stare senza fare niente?*

Se sono in auto, mi perdo nei miei pensieri ma dopo un paio d'ore non ne posso più di me stesso e devo fermarmi, sgranchirmi, bere o mangiare qualcosa. La mia compagna se guida ascolta la radio e la sua resistenza è sicuramente maggiore della mia, se invece è seduta sul sedile accanto dorme (e qui la capacità di stare senza fare niente, nel suo caso, aumenta ancor di più). Se io non guido, parlo. Ma dopo un paio d'ore la mia compagna non ne può più di me e quindi si ferma e deve distrarsi un po'. Se il viaggio è lungo, diventa anche un po' aggressiva, ma solo con i familiari. Se mi scappa la pipì, divento insopportabile.

Se sono in treno, mi giro i pollici per circa venti minuti, poi prendo il computer e scrivo per una mezz'oretta, ma poi mi viene la nausea e allora riprendo l'attività dei pollici per poi passare a un libro. Mezz'ora, poi di nuovo nausea. Provo a dormire, ma sento tutto quello che accade attorno a me e in più ho sempre paura che mi rubino qualcosa. Vado in paranoia e allora inizio a fissare nel vuoto. Dopo tre ore sono uno straccio.

Se sono in aereo, per viaggi brevi mi diverto come un bambino; se sono lunghi, mi devo ubriacare e allora sto tranquillo!

Sei ore. Tutti i giorni, da solo. Senza libri, computer, alcol eccetera. Pensate che noia! Come vedrete più avanti, il mio obiettivo, in questo libro, non è certamente quello di farvi sentire in colpa per il fatto di dover andare al lavoro tutti i giorni, con la conseguente necessità di non potervi occupare, in quel periodo, del vostro amichetto. È giusto che anche lui si adatti ai ritmi di vita della famiglia e faccia qualche piccolo sacrificio come tutti. Vorrei solo che riflettessimo assieme sul fatto che, a volte, può essere comprensibile che il cane abbia un accumulo di energie e che, come i simpatici protagonisti umani dei vari viaggi, senta la necessità d'inventarsi qualcosa per passare il tempo.

Il cane fa una passeggiata prima di essere lasciato? Per quanto tempo?

Vi ricordate la descrizione delle abitudini dell'*homo sapiens sapiens* a inizio capitolo? Cominciava con il mattino, il momento in cui la maggior parte di noi esce per recarsi al lavoro, per accompagnare i bambini a scuola o per sbrigare qualche commissione e coincide con il periodo di maggior distacco dal cane (80 per cento delle persone intervistate). È quando abbiamo più fretta perché i nostri infallibili calcoli per guadagnare dieci minuti in più a letto si sono rivelati sbagliati. Solo in un film di fantascienza sarebbe possibile fare la doccia, preparare la colazione, vestirsi in maniera decente e raggiungere il nostro posto di lavoro in così poco tempo. Appena ci rendiamo conto della situazione, la nostra mente brillante si mette al lavoro e inizia a effettuare dei tagli. Non buttare la spazzatura: guadagno cinque minuti. Non rifare il letto: risparmio tre minuti. Non lavare i capelli: venti minuti in meno (oppure lavarli ma non asciugarli, dodici minuti guadagnati). Prendere solo il caffè: quattro minuti di risparmio sulla colazione. E poi c'è lui: il nostro piccolo amico che ci guarda incuriosito mentre sfrecciamo da una parte all'altra della casa e che attende la sua prima uscita. Ha passato una notte tranquilla e, come ogni buon animale, adesso è entusiasta di poter cominciare una nuova giornata. Probabilmente ha sognato mille avventure e per questo motivo è pieno di energia e avrebbe tanta voglia di correre, esplorare, giocare, annusare...

Purtroppo per lui la durata media della passeggiata mattutina è di "ben" dieci minuti! In sostanza il cane non fa in tempo a rendersi conto d'essere uscito che gli stiamo già togliendo il guinzaglio e, con immenso amore, lo invitiamo a stare tranquillo a cuccia *"che mamma/papà torna presto"*. *"Torna presto?!?"*, è il primo pensiero del nostro batuffolo peloso, *"Ma mi hai preso per un decerebrato? Non avrò la tua cognizione del tempo... ma a me il tuo presto sembra un'eternità! Ma non potevi alzarti dieci minuti prima, sottospecie di ameba a due gambe?"*.

Se vogliamo che il nostro angioletto non si trasformi in uno scurrile diavoletto e che se ne stia buono per diverse ore attendendo rilassato il nostro ritorno, converrete con me che sarebbe opportuna una passeggiata più consistente.

Che comportamento ha il vostro cane quando rimane da solo?

La maggior parte dei cani, fortunatamente per noi, dorme! Quelli che invece hanno iniziato a sviluppare ansia da separazione, gli iperattivi o chi non fa abbastanza attività, ci deliziano con una sequela di comportamenti con i quali ci comunicano:

- la loro *ansia*, che è l'argomento principale di questo libro ed è legata principalmente, come abbiamo visto, a insicurezza e a un cattivo rapporto con noi, basato più sull'iperattaccamento che sulla fiducia e sull'amore;
- la loro *noia*, che spesso induce all'ansia ma che dipende essenzialmente dalla mancanza di attività fisica e mentale;
- la loro *dominanza*, che fa loro considerare la vostra assenza come perdita di controllo sulle attività del branco; questa sensazione provoca loro non poca frustrazione, che sfocia in atti vandalici.

In base al suo livello di ansia o di stress, il cane manifesta in modi diversi il suo disagio:

- il *primo livello* è rappresentato dai vocalizzi, abbaio indiscriminato e ululato straziante (quest'ultimo molto scenografico e che rende bene l'idea della solitudine e della tristezza); questo livello può essere considerato ancora nella norma;

- al *secondo livello* abbiamo la distruzione di oggetti: il cane mastica ogni cosa che gli viene a tiro con preferenza, di solito, per tutto ciò a cui noi teniamo particolarmente! Come facciano non so bene (probabilmente sentono un odore più marcato), ma in due occasioni ho potuto sperimentare a mie spese questa teoria: nel primo caso, dopo aver svuotato il mio portafogli, avevo lasciato sul tavolo diverse tessere (videoteca, palestra, supermercato, benzinaio...), compresa la carta di credito; ebbene, il mio cocker non ebbe dubbi su quale distruggere, lasciando intatto tutto l'inutile restante. Nel secondo caso, in mezzo a una pila di libri più o meno inutili la mia pit bull selezionò con chirurgica precisione un manuale molto raro e per me prezioso. Considero questo un livello medio del problema dell'ansia;

- il *terzo livello* ha come caratteristica il tentativo di fuga, con conseguenti azioni distruttive di porte e recinti, anche a costo di provocarsi delle lesioni. In questo caso bisogna valutare bene se la fuga è legata a una semplice voglia di esplorazione (il cane ha un impulso che lo induce ad andare a farsi un giro) oppure se è il bisogno di ricongiungersi al proprietario che gli fa scattare il meccanismo di fuga. In questo caso cominciamo ad avere un livello avanzato dell'ansia da separazione;

- al *quarto livello* abbiamo la manifestazione più grave dell'ansia da separazione, ovvero l'autolesionismo. È il livello più elevato, molto subdolo perché, al contrario degli altri, il cane può non avere manifestazioni evidenti di malessere e in alcuni casi ci sembra addirittura tranquillo. Magari se ne sta serenamente nella sua cuccia covando un disagio talmente grande che lo porta a non reagire più in maniera "combattiva" e a riversare tutta la sua frustrazione su se stesso leccandosi o mordendosi le zampe o altre parti del corpo (spesso il fianco) fino a provocarsi, nei casi estremi, delle lesioni. Se siamo arrivati a questo livello, è importantissimo mettere in atto tutto il possibile per riportare la situazione alla normalità e dedicare più energie possibili alla risoluzione del problema perché il cane ha proprio bisogno del nostro aiuto.

Avete più di un cane o un altro animale?

Avere un altro animale in casa può sembrare una buona soluzione per la prevenzione dell'ansia da separazione; in effetti, è un sistema che ci solleva dalla responsabilità di aiutare il nostro cane ad avere un carattere sicuro in modo che non abbia problemi a stare solo e di fargli fare sufficiente attività in modo da essere tranquillo e rilassato nei momenti in cui non ci siamo. Spesso due cani assieme si fanno tanta compagnia ma è importante ricordare che per noi rappresentano almeno il doppio dell'impegno (di solito anche il triplo). Prima d'introdurre un secondo elemento nella nostra famiglia, facciamoci un piccolo esame di coscienza per capire se abbiamo energie a sufficienza per occuparci di due animali.

Quando tornate a casa, come vi accoglie il vostro cane?

Con il mio lavoro mi capita spesso di stare via di casa per qualche giorno. Anche la mia compagna in occasione di manifestazioni cinofile, corsi o *stage* a volte va via per il fine settimana. Quando rientra alla base, di solito, la scena è più o meno questa:

"*Ciao amore, sono contento che sei tornata* (abbraccio). *Ci sei mancata* (a me e tutta la banda di cani e gatti)".

"*Anche voi mi siete mancati, sono proprio stanca ma felicissima* (bacio)".

"Anche io ho fatto un sacco di lavoro con i cani visto che c'è stato bel tempo. Ci facciamo un caffè?".

"Sììììì, grazie! Ho un sacco di cose da raccontarti. Intanto che lo prepari vado a cambiarmi così andiamo a fare una passeggiata con i ragazzi".

Dopo una decina di minuti scende e chiacchieriamo un po' prima di fare un giro con i cani. Durante la passeggiata ci raccontiamo quello che abbiamo fatto, decidiamo cosa mangiare a cena e se l'indomani sia meglio andare a fare un bagno al fiume con i "ragazzi" oppure un bel giro in bici.

Avete ben visualizzato la scena? Potete anche rileggere se volete; comunque, in linea di massima, direi che è un'immagine molto carina.

Provate a pensare adesso alla seguente scena: la mia compagna arriva con l'auto davanti casa e io sono già fuori ad aspettarla. Sto sudando, sorrido ma continuo a saltare sbracciandomi a più non posso. Non fa in tempo a scendere dalla macchina che le salto addosso per abbracciarla – *"Amore, amore, amore, come stai, amore* (affanno) *mi sei mancataaaaaa, oddiooooo, che bello, che bello, belloooooo. Sei tornataaaa"*. Lei scende a fatica dalla macchina e io comincio a girarle intorno provando a baciarla a ripetizione – *"Come è andata? Com'è andata? Cosa hai fatto? Cosa hai fatto?* (sempre più ansimante) *Guardami, hai visto che ho messo la maglietta nuova che mi hai regalato? Hai visto? Hai visto? Come sto?"*. Arrancando riesce ad arrivare alla porta di casa, ma io la supero a gran velocità, corro in cucina e le vado a prendere la tazza di caffè (già pronta da ore) e corro da lei – *"Amoreeeee, ti ho preparato il cafèèèè, eccolo! Lo vuoi? Lo vuoi? Ti piace eh? Com'è? E com'è andata?* – (baci, baci, abbracci).

Se dovessimo giudicare quale delle due versioni di me è una persona felice, serena e realizzata, ci sarebbero pochi dubbi. Probabilmente anche quale delle due varianti è più contento del rientro della compagna, anche se la seconda versione può trarci in inganno. L'inganno è di scambiare la psicosi per entusiasmo! Parliamo adesso di quella poveretta (della seconda versione) che rientra a casa. Quanto pensate che possa sopportare ancora quella sottospecie di canguro parlante? E se anche l'immenso amore che nutre per lui le desse la forza di farlo, che considerazione avrà mai del suo sudaticcio compagno?

Ripropongo la domanda: il vostro cane come vi accoglie quando rientrate in casa?

E voi cosa fate, appena lo vedete?

Rispondere al saluto è un fondamento della nostra educazione e la calorosa accoglienza che ci riserva puntualmente il nostro fedele amico ci pone pochi dubbi su come essere all'altezza del suo entusiasmo e delle sue attenzioni: dobbiamo lasciarci andare e scambiarci il massimo delle effusioni, subito e con il più grande coinvolgimento possibile. È questo il comportamento tenuto dalla maggior parte delle persone, ma quello che più deve far riflettere è che buona parte di loro sa bene che l'ideale sarebbe di attendere qualche minuto e aspettare che il cane sia calmo prima di rivolgersi a lui. L'agitazione con la quale ci accoglie è infatti un misto di felicità e stress ed è quest'ultimo che rinforziamo quando assecondiamo il suo modo di riceverci. Nonostante ciò, per noi è impossibile recepire questo concetto perché vorrebbe dire rinunciare a un impellente bisogno di scaricare la tensione di una giornata al lavoro e levarsi di dosso il senso di colpa che sentiamo per aver lasciato il nostro amico solo a casa.

Nei momenti che precedono il nostro ritorno (da pochi minuti a qualche ora prima), il cane inizia a caricarsi e agitarsi per il nostro imminente rientro, ben sapendo che noi gradiamo tantissimo questo suo comportamento in quanto glielo dimostriamo ogni volta con apprezzamento direttamente proporzionale a quanta energia lui ci mette. Non è difficile immaginare che, dopo pochi minuti dall'inizio della sua preparazione, l'energia del nostro amico abbia già raggiunto livelli talmente alti da necessitare uno scarico e, se il nostro ritorno è ancora lontano, l'unico modo per farlo è abbaiare, rosicchiare, fare la pipì, scavare e quant'altro passi nella mente del nostro piccolo.

È veramente importante cambiare il nostro punto di vista eliminando sia i sensi di colpa sia l'apprensione e dirigere la nostra mente a *occuparsi* invece che *preoccuparsi.* Occuparci, come vedremo bene in seguito, vuol dire fare tutto ciò che può essere realmente utile per migliorare la situazione. Preoccuparci vuol dire solo essere a posto con la coscienza, ma rassegnati alla situazione.

Il vostro cane mangia volentieri la sua pappa? E se non mangia, cosa fate?

La maggior parte dei cani gradisce il pasto che gli forniamo anche se, regolarmente, tende a fare qualche capriccio come per richiedere qualcosa di più gustoso. Noi umani siamo oramai abituati a ogni genere di aberrazione culinaria e il nostro fisico ne risente relativamente e comunque non a breve termine. Il nostro compagno, soprattutto da cucciolo e quando è anziano, necessita invece di una dieta ben bilanciata e che rispetti la sua natura. Le crocchette secche a oggi rappresentano l'ideale, vista la loro formulazione, e sono una buona base per l'alimentazione del cane. Se di buona qualità, la loro composizione è pensata per le sue necessità e gli ingredienti sono oramai di ottima scelta. Niente contro l'alimentazione tradizionale che però, molto importante, non deve rappresentare una concessione al rifiuto del nostro amico di mangiare quello che gli avevamo proposto, ma solo un eventuale variazione al tema. Cedere, per compassione, allo sguardo supplichevole del nostro amico che implora una cucina più sofisticata è pericoloso tanto quanto concedere a un bambino di mangiare solo quello che gli piace. Non conosco bene i meccanismi dei giovani umani, ma vi garantisco che per un cane è altamente diseducativo "captare" che noi ci preoccupiamo eccessivamente del fatto che lui mangi o meno; non è affatto naturale e viene immancabilmente interpretato come una nostra debolezza. Se di questo non ci importa è però fondamentale sapere che una volta presa la via del "ti cambio il gusto" o "aggiungo qualcosa" è molto difficile tornare indietro e con buona probabilità ci ritroveremo con un compagno inappetente a tutto ciò che è sano. Ritornando al nostro bambino, cosa ne dite se prima di concedergli quello che vuole ci assicuriamo che mangi volentieri la sua pappa? Non possiamo certo contare sulla toccante e sempre efficace frase: *"Sai che ci sono tanti bambini nel mondo che non hanno da mangiare?"*, ma il semplice *"non hai fame? Mangerai stasera o domani"* può sortire il suo effetto. Ricordatevi che il cane, oltre a essere un piacevole e incomparabile amico, è un essere che dipende da noi non solo per le esigenze fisiche ma anche e soprattutto per la sua formazione e salute psicologica, quindi facciamo uno sforzo e dimostriamo di essere (elasticamente) saggi e responsabili.

Quando siete in casa, il cane vi segue dappertutto?

Il cane, di norma, ama stare a contatto con la sua famiglia umana ma alcuni soggetti si "appiccicano" letteralmente al proprietario e non riescono a stare da soli neanche per pochi secondi. Al contrario di altri sintomi, quali ad esempio l'abbaio e la distruttività, che possono dipendere in parte anche dalla noia e dall'inattività, l'*iperattaccamento* è un chiaro segnale di ansia. Anche in questo caso siamo portati a scambiare questo comportamento per qualcosa di dolce e carino e a sottovalutare gli effetti che può avere. Certo che fa piacere sentire che qualcuno non può fare a meno di te, ma purtroppo questo, come stiamo scoprendo nel nostro viaggio verso l'illuminazione, non ha molto a che vedere con l'amore.

Dove dorme normalmente?

Il 60 per cento dei cani che vive in casa dorme in camera da letto. I proprietari sono stati tutti molto vaghi nel rispondere alla domanda *"esattamente dove?"*! Il restante gruppo dorme, per la maggior parte, nel soggiorno. Non sono completamente contrario al fatto che si dorma tutti assieme (siamo un branco, no?) ma questo è possibile solo se ci siamo occupati bene dell'educazione, dell'equilibrio e del carattere del nostro amico. Il principio è sempre lo stesso: più siamo capaci di comportarci nella maniera corretta, più potremo goderci il nostro cane.

E passiamo all'ultima fatidica domanda: *quale di queste attività fa il vostro cane e per quante ore alla settimana?*

Passeggiata nei parchi: 7 ore alla settimana
Jogging o bici con voi: 0 ore
Esercizi di educazione di base: 1 ora alla settimana
Agility, obedience, expo, altro: 1 ora

Piste, ricerche, giochi con olfatto: 0 ore
Passeggiate in posti nuovi (città, montagna, mare, campagna): quando capita.

Cosa ne dite? Qualunque sia il problema sviluppato dal nostro amico direi che, stando a quanto sopra visto, possiamo considerare normali episodi di abbaio, distruttività, fuga se non addirittura ansia e depressione. Il cane è un essere pieno di risorse e ha bisogno di applicarle alla vita di tutti i giorni per realizzarsi e sentirsi bene. I suoi sensi adorano scoprire posti nuovi, soprattutto se nella natura. Ha un olfatto incredibile e gli piace usarlo e quanto più difficile è la sfida, più lui è felice. Ha un cervello che può utilizzare per memorizzare e ragionare ed è necessario che sia impegnato molto spesso. Ha dei muscoli e un'energia incredibili; ama correre, inseguire, rotolarsi e nuotare. Ma soprattutto ha un cuore immenso e delle emozioni.

Per questo adora fare tutto con noi.

Terapia di base

Ofelia è una stupenda maltesina di due anni che vive con la sua proprietaria, Teresa. All'arrivo della cagnolina, Teresa era in ferie e quindi aveva avuto tutto il tempo di dedicarsi alla piccola, con la quale si era stabilito da subito un legame molto forte. Ritornata al lavoro, la proprietaria era riuscita ad avere un permesso temporaneo per portare con sé la cucciola approfittando di un periodo molto tranquillo in ufficio. Ofelia aveva quindi passato i primi cinque mesi della sua nuova vita letteralmente in grembo a Teresa. Sicuramente il piacere del contatto e la sicurezza data dalla presenza costante della padrona rendevano molto rilassante la vita della cucciola, che però aveva iniziato a sostituire questo piacere con una necessità. Stiamo parlando di qualcosa a tutti ben nota: la *dipendenza*.

Per noi bipedi avanzati il piacere è qualcosa di ricercato, spesso legato (per quello che mi riguarda) al tavolino di un bar dove, comodamente seduti, sorseggiamo un gustoso cappuccino e azzanniamo una brioche quanto più possibile ripiena di crema o di cioccolato. Finito il dolce, nella tazza resta, puntualmente, circa un terzo della bevanda, che centelliniamo accompagnata dall'immancabile sigaretta. Caffeina, zucchero, nicotina. Le endorfine sono alle stelle! Possiamo ripetere la stessa scena la sera, cambiando qualche fattore. Personalmente il massimo è una birra con qualche stuzzichino salato. La sigaretta è sempre presente perché è l'unica che mi dà una reale garanzia di farmi del male.

Il piacere, se non rimane tale, si trasforma quindi in dipendenza che, quando non è soddisfatta, ci provoca malessere.

Ecco quindi il semplice percorso della nostra maltesina: il continuo piacere è diventato un'abitudine e l'abitudine una dipendenza che ha portato la piccola a stare male quando Teresa aveva iniziato a lasciarla a casa da sola.

Ma gli animali sono esseri fantastici, capaci di adattarsi a ogni situazione e abbastanza intelligenti da capire che è normale che le abitudini cambino e che non c'è da avere paura perché l'allontanamento del capo branco (Teresa) è un evento normale che si risolve, sempre, con il suo ritorno. Questo discorso non fa una piega, certo, a meno che il capo branco, straripante di sensi di colpa, non emani tutta la sua ansia prima di lasciare il pargolo e non continui a dirgli di non preoccuparsi (anche voi andate in allarme se qualcuno vi dice di non preoccuparvi...?) perché tornerà presto e non comunichi che questa terribile attesa sarà il più breve possibile. Se poi, per qualsiasi motivo, la salute mentale del nostro cane fosse così forte che, nonostante questo trattamento, dopo qualche ora da solo trovasse la forza di reagire e quindi di rilassarsi, dormire o giocare con uno dei tanti oggetti a sua disposizione, ecco che c'è il ritorno: il nostro capo branco, paonazzo e grondante di sudore per aver fatto più in fretta possibile, con questa voce disperata che corre ad abbracciarlo facendogli ben capire che ha finalmente scampato il pericolo! Il pericolo di godersi qualche ora in santa pace senza psicopatici!

Quindi:

1. abituiamo il nostro cane a stare da solo gradualmente ma prima possibile;

2. alziamoci dieci minuti prima (se non abbiamo bevuto troppe birre la sera prima, sarà abbastanza semplice) e facciamogli fare una bella passeggiata (si veda il prossimo capitolo);

3. venti minuti prima di uscire di casa e quindi lasciare il pargolo, iniziamo a fare un esercizio (per noi) di distacco: cerchiamo di non guardarlo, non parlargli e non coccolarlo; comportiamoci con assoluta indifferenza, pace e tranquillità, uscendo dalla porta come se dovessimo tornare un minuto dopo;

4. lasciamo al nostro amico dei giochi (che vedremo più avanti) e limitiamo il suo accesso a poche stanze (meglio se a una sola).

5. quando rientriamo a casa, lasciamo pure che lui faccia tutte le sue feste ma cerchiamo di ignorarlo (cordialmente) per circa venti minuti o comunque fino a quando, rassegnato alla nostra pacifica indifferenza, non si metterà sdraiato al suo posto.

Che cosa succede al cane quando rientriamo in casa? Le prime volte è semplicemente felice di vederci e lo dimostra scaricando la sua energia fisica ed emotiva mettendo in scena uno spettacolo per noi abbastanza piacevole. Ci gira un po' intorno scodinzolando, va a prendere un gioco per portarcelo e, forse, emette qualche vocalizzazione di piacere.

Dobbiamo chiederci: che cosa ci succede quando rientriamo in casa? Proviamo benessere oppure cerchiamo rifugio dopo una stressante o deludente giornata? Riusciamo a essere "semplicemente felici" o siamo così esausti da non riuscire più a goderci questo momento?

Il nostro amico è una "spugna emotiva" e percepisce ogni nostro stato d'animo, per questo è veramente importante trasmettere molta serenità quando ci rivede dopo essere stato lasciato solo, altrimenti la sua idea sarà che noi abbiamo bisogno di manifestazioni sempre più esasperate. Lo scodinzolio diventerà sempre più frenetico e i suoi movimenti privi di controllo. I mugolii diventeranno pianti e persino urla e noi, immancabilmente, penseremo che siano manifestazioni di estrema gioia. In effetti è stress che, se tutto va come previsto, ben presto si trasformerà in ansia.

La faccenda infatti prende una brutta piega quando il cane inizia a entrare in questo turbinoso stato d'animo prima del nostro rientro. Anticipa, all'inizio di poco, il momento di eccitazione, sempre con la mera convinzione che più sarà elettrizzato più noi saremo felici. L'agitazione si accumulerà e dovrà essere scaricata nei modi che il cane ritiene, in quel momento, più opportuni: sporcare in casa, distruggere qualcosa, abbaiare, grattare...

Andrea ha preso da pochi mesi dal canile uno splendido simil bassotto che ha manifestato molti segni di ansia da separazione dopo qualche settimana dall'arrivo nella nuova casa. Alfer (il bassotto) ha dovuto ereditare una situazione emotiva pesante in quanto il proprietario aveva da poco perso il suo precedente amico a quattro zampe, Tony, un meticcio tipo setter con il quale aveva condiviso tutto. L'attaccamento al nuovo arrivato era stato condizionato dal momento particolare e, in effetti, la presenza del bassotto aveva aiutato non poco Andrea a elaborare il lutto per la perdita del suo cane, tenendolo positivamente impegnato. Alfer fa una lunga passeggiata al mattino e dopo rimane a casa da solo fino al rientro del proprietario che avviene, di norma, dopo circa sei ore. Appena rincasa, Andrea mette subito il guinzaglio al cane e, assieme, vanno a trovare Anna (la ragazza di Andrea) al negozio di dolciumi dove lavora, a un paio di chilometri da casa. Nel percorso i due si fermano sempre un po' al parco e una decina di minuti al negozio di fumetti. Arrivati da Anna, di solito vanno assieme a un bar che si trova vicino al negozio e lì passano una mezz'ora prima di rincasare. Il bassottino è però sempre molto agitato e Andrea trova spesso pipì in casa, oggetti rosicchiati e la porta graffiata in più punti. L'atteggiamento del padrone al rientro è esaltato, continua a ripetergli: *"Andiamo...? Sei pronto? Dai andiamo..."* con voce eccitata, quasi accompagnando i salti e le urla del cane. Alfer, da parte sua, ricambia correndo da una parte all'altra, saltando sul divano e prendendo qualsiasi oggetto gli capiti a tiro. L'agitazione continua (di entrambi) rende la "vestizione" (mettere pettorina e guinzaglio al cane) un lavoro non da poco.

Primo passo, per Andrea, sarà dunque di migliorare il suo atteggiamento nei confronti dell'ipereccitazione del bassottino e questa, in assoluto, è la parte più difficile della terapia di recupero perché non rispondere alla calorosa accoglienza del nostro amico ci fa sentire molto in colpa; e Andrea non fa eccezione, anzi, è letteralmente disperato all'idea di dover ignorare completamente Alfer. I primi giorni sono un dramma ma lentamente Andrea prende il controllo della situazione e impara a comportarsi nella maniera corretta. Il passo successivo sarà di eliminare l'attenzione anche prima di uscire di casa e fornire al cane una serie di giochi diversi che lo impegnino (ad esempio giochi interattivi o distributori di cibo) cercando di alternarli in modo che il cane non si annoi. La durata delle uscite è sufficiente, ma sarà necessario inserire alcune sessioni durante le quali il cane sia più impegnato dal punto di vista fisico e una decina di minuti al giorno di esercizi di educazione di base.

Tabelle di lavoro

Atteggiamento	
1	20 minuti prima di uscire di casa, iniziare la fase di distacco ignorando il cane
2	Al rientro a casa, lasciamo pure che lui ci faccia le feste ma non contraccambiamo fino a che non è tranquillo e rilassato
3	Non permettere che il cane ci segua dappertutto in casa

Socialità	
1	Facciamo in modo che il cane conosca e interagisca con altri cani e/o altre persone
2	Se possibile, portiamolo in un'area cani e lasciamo che faccia le sue esperienze senza intervenire troppo
3	Organizziamo delle passeggiate con amici che hanno cani

	Attività	
Lunedì	Socializzazione	10’ di esercizi di educazione in casa
Martedì	20’ di esercizi di educazione all’esterno	Attività fisica
Mercoledì	Attività olfattiva in casa	Esercizi di educazione con altri cani o attività di gruppo (*obedience*, *agility*…)
Giovedì	Passeggiata in centro, mercato, fiera, eccetera	10’ di esercizi di educazione in casa
Venerdì	Attività fisica	20’ di esercizi di educazione all’esterno
Sabato	Socializzazione	Attività fisica
Domenica	Attività olfattiva all’esterno	Passeggiata nel bosco, in campagna, in montagna, al mare ecc.

Attività fisica e riposo

Stancare fisicamente un cane è, nella maggior parte dei casi, un'impresa alquanto difficile. Questo è dovuto al fatto che le doti atletiche del nostro amico sono molto superiori alle nostre e quindi spesso non c'è storia. Possiamo però ricorrere a strumenti e tecniche che ci permettano di diventare non solo il compagno di allenamento del nostro cane ma anche e soprattutto il suo *coach*. Un buon programma, per essere efficace, dovrebbe comprendere diverse attività e vedremo qui di seguito qualche esempio. Il principio della diversificazione delle attività è fondamentale in quanto, concentrandoci su pochi elementi o addirittura su uno soltanto (per esempio portare a correre il cane in bici), otterremo come effetto collaterale quello di far sviluppare al cane molto velocemente un'assuefazione all'allenamento, con la ovvia conseguenza di dover aumentare sempre più i tempi di attività per poterlo stancare/appagare. Ad esempio: se oggi è sufficiente mezz'ora di corsa per rendere calmo e tranquillo il nostro amico, nel giro di poche settimane sarà necessario correre per almeno un'ora e nei mesi successivi, probabilmente, dovremo incrementare ancora i tempi per ottenere gli stessi risultati. In conclusione, lo stiamo solo allenando quando il nostro obiettivo è anche un altro. Avere un programma differenziato sarà quindi il segreto del nostro successo, permettendoci di raggiungere più obiettivi contemporaneamente: allenarlo e tenerlo in forma, appagarlo fisicamente e mentalmente, ridurre la sua iperattività, aumentare la sua motivazione e migliorare il suo rapporto con noi. Come sempre anche per noi ci saranno dei notevoli benefici che scoprirete durante il lavoro assieme.

Attività fisica sociale

Il cane è un animale sociale e appaga parte di questa sua caratteristica vivendo con il suo branco umano. Ha la necessità però di dedicare un po' di tempo alle relazioni con i suoi simili, all'interazione e al gioco con essi. Non tutti, certo, sono in grado di godere di questa attività: cani aggressivi o eccessivamente paurosi poco gradiscono di stare assieme ad animali estranei. Per la maggior parte dei nostri amici, però, un'ora passata in un'area cani a rincorrersi e a giocare con altri quattrozampe è sicuramente divertente e salutare. Il primo punto del nostro programma sarà quindi di fissare giorni e orari per dedicarsi a questa occupazione (almeno due o tre volte alla settimana). Se il carattere del vostro cane (o quello dei frequentatori dell'area cani) non lo permette, sostituiamo con una lunga passeggiata al parco.

Attività fisica ludica

È una scena che vediamo sovente e una delle immagini principali che il nostro cervello ci invia quando pensiamo al cane: lanciare un oggetto (legnetto, pallina, *frisbee*) e osservare il nostro amico che corre entusiasta a recuperarlo, riportandocelo gioiosamente. Spesso la realtà è ben diversa, con il quattrozampe che corre via con la pallina, si nasconde e comodamente mangia il legnetto o segue il volo del *frisbee* senza muovere una zampa salutandolo per l'ultima volta, visto che sparirà per sempre in mezzo a un groviglio di cespugli inaccessibili. Se abbiamo la fortuna di avere un labrador collaborativo, il gioco è fatto: una ventina di minuti di lanci, con premio quando torna e variando spesso gli oggetti, sortiranno il risultato da noi voluto. Per tutti gli altri sarà necessaria qualche sessione di allenamento per insegnar loro a riportare. Il mio metodo preferito è quello delle due palline.

Per prima cosa procuratevi tre palline identiche (certo, tre perché una la perderete dopo i primi dieci minuti di lavoro) oppure altri giochi graditi al vostro amico (l'importante è che siano indistinguibili per il cane).

Fase due, scovate un posto abbastanza tranquillo e possibilmente recintato. Lasciate che il vostro amico faccia il suo solito giretto e poi, con molta indifferenza, prendete la pallina numero uno e, quando vi guarda, lanciatela.

Fase tre: non appena Fido ha recuperato il gioco, voi tirate fuori la pallina numero due e iniziate a giochicchiarci senza guardarlo, chiamarlo, invitarlo né tantomeno pregarlo di tornare da voi. Lasciate che si diverta con la numero uno! Voi sollazzatevi con l'altra. Continuate la commedia di spalle, lanciando in aria la pallina e recuperandola acrobaticamente. Dopo qualche minuto il cane si precipiterà da voi incuriosito dal vostro atteggiamento e attirato dalla pallina numero due, che più passa il tempo e più acquista fascino rispetto alla numero uno. Non appena lascia il suo gioco, voi lanciate immediatamente la vostra pallina, recuperate la sua e ricominciate tutta la scena. Dopo poche sessioni per il cane sarà normale, appena recuperato il gioco, venire nella vostra direzione e lasciarlo andare per avere il lancio del secondo. E così via all'infinito. Se avete un giardino o un posto comodo da raggiungere, questa può essere un'attività giornaliera.

Trekking

Una delle caratteristiche che ci fa adorare il nostro cane è il suo ancestrale legame con la natura. Possiamo vederlo trasformarsi completamente quando passiamo da uno scenario cittadino, conosciuto e abituale, per immergerci nell'avventura di un posto nuovo e selvaggio. Bosco, montagna ma anche mare, lago e fiume sono gli sfondi che ci faranno godere appieno della compagnia del nostro amico e gli permetteranno di manifestare tutto l'entusiasmo che ha nel cuore. In base a dove abitiamo, sarà più o meno facile reperire posti simili, ma sono sicuro

che, senza eccessivo sforzo, riusciremo a programmare una bella gita almeno una volta al mese. Vedrete brillare gli occhi di Fido già la sera prima, mentre preparate lo zaino e confezionate il cibo da portare. Questa gioia sarà sempre più palpabile nel momento in cui salirete assieme in auto e partirete per la vostra avventura. Raggiungerete il culmine non appena sarete arrivati, quando lo sguardo incredulo del vostro cane vi farà quasi commuovere. Il mio consiglio è di cominciare subito con una bella passeggiata esplorativa. Noterete dopo la prima mezz'ora i primi cambiamenti di comportamento del vostro cane: tira meno al guinzaglio o, se lasciato libero, inizia a starvi più vicino e a tenervi d'occhio. Ed è in questo momento che si può approfittare per lavorare un po' assieme introducendo degli esercizi di obbedienza.

Se non vi fidate di lasciarlo completamente libero potete utilizzare una *lunghina*, una corda di una decina di metri provvista di moschettone (potete trovarne in commercio o farvela da soli) che utilizzerete al posto del guinzaglio. Appena notate che il cane è un po' più rilassato provate a non tenerla più con le mani ma lasciate che il vostro amico se la trascini mentre passeggiate. In questo modo avrete una maggiore sicurezza di recuperare più facilmente il cane nel caso tendesse ad allontanarsi eccessivamente, lasciandogli al tempo stesso la libertà di cui ha bisogno.

Il primo esercizio/gioco che potete fare assieme è quello del nascondino: quando il cane è distratto mettetevi dietro un albero o, se non ce n'è nelle vicinanze, sdraiatevi per terra. Attirate l'attenzione del vostro amico con un suono breve (ripetete in maniera più intensa, se lo vedete titubante) e poi aspettate che vi venga a cercare.

Appena vi raggiunge fategli tantissime feste e cercate di trasmettergli tutto il vostro entusiasmo. Dopo qualche secondo premiatelo con un bocconcino o un gioco.

Una seconda pausa può essere dedicata al gioco delle due palline (che avete visto poco sopra) dopodiché direi che siamo pronti per il nostro *break*. Trovate un posto comodo per sedervi e prendete dallo zaino qualche bocconcino per lui e uno spuntino anche per voi. Provate a farlo sdraiare di fronte a voi e cominciate a impostare il terzo esercizio, che consiste nell'insegnare al cane a partecipare al vostro pasto rimanendo nella posizione "terra" e ricevendo, quando ci riesce, un premio in cibo (potete portare la sua razione di crocchette). Per alcuni cani può essere davvero difficoltoso eseguire il tutto mentre mangiate, in questo caso potete provare una versione più facile e rifocillarvi in un altro momento!

A questo punto lascio spazio alla vostra fantasia per continuare la giornata assieme. Divertitevi!

Corsa

Se avete tra le vostre sanissime abitudini quella di andare a farvi una corsettina ogni tanto, potrete coinvolgere il vostro amico in quest'attività. Non ci sono particolari accorgimenti da prendere se non tenere conto della taglia del cane e della temperatura della stagione (ricordate che se per noi è caldo, per loro è caldissimo!). Viene da sé che è importante che Fido sappia andare bene al guinzaglio per evitare di trasformare la corsa in tragedia!

Bici

Se siete sopravvissuti al punto precedente e avete scoperto le doti atletiche del vostro cane, vi verrà naturale passare alla fase successiva: la corsa in bici. Con quest'attività riusciremo a impegnare realmente il nostro amico, migliorando la sua forma fisica e riducendo sensibilmente il suo stress; gli consentiremo così di apprezzare maggiormente i suoi momenti di *relax* anche in vostra assenza. È necessario un piccolo programma per iniziare questo tipo di allenamento oltre che avere qualche piccola nozione sulle andature dei canidi. Il passo da tenere è il trotto, che si differenzia fondamentalmente dal galoppo perché è la velocità "di crociera" del nostro amico. L'approccio alla bici dovrebbe essere graduale: consiglio di fare un paio di passeggiate senza montare sulla bici ma tenendola alla vostra destra, se avete il cane a sinistra. Il secondo passo, prima di cominciare il vero allenamento, sarebbe una passeggiata ancora a piedi ma questa volta con la bici tra voi e il cane. Di norma il primo giro dovrebbe durare una ventina di minuti (dipende dalla taglia e dalla forma fisica del cane). Nelle sessioni successive potete provare ad aumentare (sempre molto gradualmente), ma ricordate di tenere sempre bene d'occhio la temperatura esterna e soprattutto quella del terreno.

Nuoto

Questo è il *top* dell'attività fisica per il cane. Naturalmente non tutti i nostri amici hanno lo stesso rapporto con l'acqua.

Cane che ha paura: il mio consiglio è di non forzarlo assolutamente. Fate voi il bagno e aspettate che si incuriosisca e faccia il primo passo.

Non gli piace: scegliete un piccolo corso d'acqua e cominciate da lì. Se fate le prime esperienze al mare, potreste avere una regressione.

Si bagna: entrate in acqua e lanciategli dei giochi. Anche qui, con pazienza, aspettate che prenda confidenza.

Ama nuotare: siete a posto!

Agility

Come per la corsa, anche quest'attività esige la nostra partecipazione fisica.

L'*agility* è una degli sport più divertenti per il cane ed è autogratificante, cioè non abbiamo tanto bisogno di capire come motivare il cane (cibo, giochi, lodi) a eseguire gli esercizi. Non farete fatica a trovare un campo dove si pratica questa disciplina.

Prove naturali

È un'attività che si pratica in grandi spazi (bosco, campagna...), è poco diffusa nel nostro Paese ma è entusiasmante! Oltre all'insegnamento di esercizi di obbedienza, il cane impara a cercare degli oggetti lasciati da voi in un'area determinata, a seguire una pista, a ritrovare una persona dispersa e a fare la spola tra due campi base (posti da poche centinaia di metri a qualche chilometro di distanza) per consegnare dei messaggi. È la mia attività preferita e anche quella che i miei ragazzi a quattro zampe amano fare di più.

Tapis roulant

Come per noi, può essere una valida e comoda alternativa alla corsa, soprattutto nella stagione fredda o quando non abbiamo a disposizione molto tempo. Come per la bici, consiglio un approccio molto graduale: cominciate a far salire il cane a macchina spenta, premiatelo con un bocconcino quando è sul *tapis*, fatelo scendere e ripetete tre o quattro volte. Dopo un paio di sessioni a macchina spenta potete accendere il *tapis roulant* ma senza far salire l'allievo; abituatelo al rumore per due o tre giorni, prima di cominciare la vera attività.

I tempi dovrebbero essere inferiori a quelli della corsa perché il nostro amico ha meno motivazione e si potrebbe annoiare presto. Non lasciate mai il cane da solo quando è sul *tapis roulant*.

Attivazione mentale

La mente di un cane (come la nostra) è una macchina stupenda, un computer che se non utilizzato inizia a inventarsi delle operazioni da compiere. Non è possibile spegnere per lungo tempo la mente del cane e quando si accende è importante che trovi qualcosa di produttivo da fare. In verità il "programma" del nostro cane è di norma abbastanza semplice e si può soddisfare con dei semplici *input*. Secondo la razza possiamo avere delle espansioni al *software* di base e ci troveremo quindi con differenti e specifici bisogni:

a. abbaiare, inseguire e controllare (nei cani da pastore)

b. guardia, difesa (alcuni cani da pastore, dobermann, schnauzer, molossoidi)

c. scavare, abbaiare (terrier e bassotti)

d. correre, esplorare (cani nordici, levrieri)

e. cacciare, trovare una pista (segugi, cani da caccia e da riporto)

f. combattere con i propri simili (pastori, molossoidi, cani tipo bull, terrier, akita)

g. nuotare (terranova, labrador, ecc.)

Questo per un cane normale, ma se il nostro amico ha problemi di ansia, la situazione diventa più complessa.

Abbiamo già visto alcuni modi per impegnare la mente del cane anche grazie alle attività fisiche e ne esamineremo in seguito altre, ma in questo capitolo ci concentreremo sul porre al nostro cane dei piccoli problemi pratici da risolvere:

a. nascondere la sua ciotola (nel *box* doccia, dietro a una porta, in un cassetto...);

b. nascondere un suo gioco, in casa, e poi chiedergli di cercarlo;

c. spargere il suo cibo (crocchette secche) in un'area più o meno vasta; se avete un giardino, arrivate con la sua ciotola e lanciatele in aria lasciando che il cane le ritrovi una a una;

d. usare giochi porta cibo (sceglieteli di alta qualità, altrimenti sono inutili). Sono fatti di un materiale gommoso speciale, resistente (valido se avete seguito il mio consiglio sulla scelta di alta qualità, altrimenti durano quattro minuti) e hanno una cavità dove è possibile stipare crocchette, biscotti o altro. Se volete usare il suo cibo, potete inserirlo e poi fare un tappo con del formaggio morbido (tipo sottiletta). D'estate bagnate il cibo all'interno del gioco e poi mettetelo nel congelatore. In questo modo il vostro cane dovrà darsi da fare per farlo uscire. Altra soluzione: mettere all'interno un po' di paté o del formaggio sciolto. Prendete l'abitudine di dargli il suo gioco imbottito quando lo lasciate da solo, lo aiuterà a non annoiarsi;

e. utilizzare palline porta cibo. Sono delle sfere cave provviste di un buco dove si possono inserire le crocchette. Il cane dovrà imparare a spingere la pallina e farla rotolare in modo che il cibo fuoriesca poco alla volta;

f. giochi d'intelligenza. Sono dei veri e propri rompicapo con lo stesso principio di quelli sopra descritti, ma con difficoltà che crescono a seconda del livello scelto. Il vostro amico dovrà sollevare birilli, spingere leve o tirare funi per raggiungere l'agognato premio.

Usate la fantasia. Sicuramente ci sono ancora tanti giochi che si possono fare con il cane. Inventatene uno!

Piste e ricerche

Abbiamo già considerato l'importanza di appagare gli istinti del cane per eliminare stress e ansie, ma vorrei qui concentrarmi sulla soddisfazione del senso più sviluppato del nostro amico: l'olfatto.

È probabile che il nostro cane abbia delle difficoltà a svolgere molti dei compiti che noi vorremmo che eseguisse; molti mancano di concentrazione e fanno fatica a seguire una lezione di obbedienza, altri sono troppo distratti per rispondere al nostro richiamo; altri ancora possono non avere il fisico giusto per l'*agility* o ci guardano in maniera interrogativa se gli lanciamo una pallina con la pretesa che ce la riportino. Ma c'è un'attività che tutti i cani sanno svolgere veramente molto bene: usare il loro naso.

Il mondo del nostro amico è infatti pieno di odori e aromi che danzano intorno a lui assumendo chiare forme e fornendogli informazioni precise. La moltitudine dei messaggi che riceve lo aiutano a creare nella sua mente un'immagine nitida di ciò che accade o è già accaduto intorno a lui e, probabilmente, lo preparano per ciò che avverrà.

Un cane che non ha la possibilità di utilizzare appieno questa sua risorsa è come un umano che non può ammirare con i suoi occhi le meraviglie che lo circondano. Se anche noi, ogni tanto, provassimo a soffermarci un attimo a osservare ciò che abbiamo intorno, dedicando il giusto tempo per cogliere ogni piccolo particolare di un oggetto, un animale, un nostro caro oppure imparassimo a scrutare attentamente un paesaggio o un tramonto, avvertiremmo una sensazione di pace, calma e addirittura piacere che ci farebbe capire l'importanza

dell'utilizzo dei nostri sensi. In effetti, potremmo provare ad applicare questo esercizio di contemplazione anche all'udito, al tatto e, perché no, al nostro olfatto.

Per il nostro amico annusare è vitale e quest'attività è intimamente legata alla propria natura, quindi è fondamentale che iniziamo a capirne l'importanza e che le dedichiamo il giusto tempo.

Per prima cosa approfittiamo delle passeggiate giornaliere lasciandogli un po' più di tempo per esplorare con il fiuto e, soprattutto, cambiamo spesso percorso per consentire al nostro cane di scoprire odori nuovi oppure, quando abbiamo tempo, portiamolo in un posto completamente diverso. Se vogliamo invece cimentarci in un lavoro più strutturato, possiamo cominciare a impartire le prime nozioni di pista:

a. reperite un terreno poco frequentato, con un po' d'erba o comunque non eccessivamente secco;

b. lasciate il cane da una parte e pestando bene con i piedi tracciate una linea retta di circa venti metri cercando di andare nella stessa direzione del vento.

c. alla fine della pista lasciate un gioco e poi continuate a camminare per altri venti metri, questa volta normalmente. Fate un giro molto largo per ritornare al punto dove avete lasciato il cane, in modo da non sovrapporre odori sulla pista. Le molecole sono trasportate dal vento, quindi se tornate indietro passando troppo vicino alla pista rischiate di confondere il cane;

d. prendete Fido e fate una passeggiata, lontano dalla pista, giocando o lavorando con lui per circa venti minuti. L'ideale, per il lavoro successivo, sarebbe di far indossare al cane una pettorina e un guinzaglio lungo;

e. passati i venti minuti, dirigetevi verso l'inizio della pista. Potete arrivarci da destra o da sinistra e fare in modo che il cane la incroci casualmente;

f. prima di arrivare al punto d'incrocio rallentate e fate in modo che il vostro amico sia davanti a voi. Probabilmente starà già da un po' annusando ed esplorando il terreno neutro e sarà quindi molto incuriosito quando, di colpo, sentirà il vostro odore;

g. se inizia a seguire la pista, seguitelo lentamente altrimenti, se la oltrepassa, tornate indietro e riprovate un altro incrocio.

h. mentre segue il vostro odore state in silenzio ma pronti, appena raggiunge il gioco, a fargli tantissime feste non risparmiando manifestazioni di entusiasmo;

i. nelle sessioni successive provate ad allungare il percorso (sempre molto gradualmente).

l. andando avanti nel lavoro iniziate a pestare meno il terreno, fino ad arrivare a marcare la pista con un passo normale;

m. una volta raggiunti i cento metri di lunghezza potete iniziare a fare una lievissima curva che poi diventerà sempre più angolata.

Se le distanze crescono, potete anche usare un oggetto intermedio da trovare (per esempio, su una pista di trecento metri potete piazzare, oltre al gioco finale, anche un oggetto a centocinquanta metri).

Esercizi di educazione

Gli esercizi di educazione rappresentano il fondamento per una corretta comunicazione tra voi e il vostro cane e sono un validissimo supporto per la risoluzione di problemi comportamentali come l'ansia da separazione. Non per niente la chiamiamo educazione di base! Dovrebbe rappresentare, infatti, più che un lavoro un'abitudine giornaliera, una consuetudine legata ai vari momenti della giornata. Per iniziare invece è importante reperire una mezz'ora libera e un posto tranquillo (va benissimo in casa). Quando iniziate l'insegnamento di un nuovo esercizio è meglio farlo dove non ci sono distrazioni; man mano che il cane diventa bravo nell'esecuzione, possiamo spostarci in luoghi più trafficati. Dunque:

- nuovo esercizio: casa o giardino;
- esercizio appreso: parco, luogo conosciuto;
- esercizio perfetto: centro città.

Ma da dove cominciamo? Di norma l'esercizio più semplice è il "seduto". Per un cane che soffre di ansia da separazione bisogna poi insistere molto sugli esercizi di "resta", seduto o a terra. Potremo sfruttare questo lavoro per insegnare al cane ad abituarsi lentamente al nostro allontanamento e stimolarlo così a controllare i suoi impulsi in maniera positiva e graduale.

Seduto

Il momento più propizio per cominciare quest'esercizio, in genere, è quando il cane desidera qualcosa che avete in mano (di solito cibo). Se pensate di poter concedere un pezzo della vostra merenda o, meglio ancora, vi siete procurati dei bocconcini premio, potete approfittarne per cominciare la vostra sessione di lavoro.

Fate in modo di avere il cane di fronte a voi e avvicinate il bocconcino al suo naso (non alla bocca). Lui proverà le prime volte a rubarvelo dalle mani saltando; siate più veloci ed evitate di dimostrare la vostra lentezza di riflessi. Cercate invece, con pazienza, di spostare la mano in avanti in modo che il cane debba tirare indietro la testa per guardarlo. A questo punto, dopo un ragionevole numero di tentativi, il vostro allievo spazientito sentirà il bisogno di sedersi. Con un *timing* perfetto elargite immediatamente il premio.

Le prime volte che provate a far eseguire questo esercizio, evitate di parlare. Se continuate a ripetere la sequenza *"seduto"* – *"seduto"* – *"dai siediti"* – *"siedi"* – *"giù"* – farete una pessima figura come insegnante perché, se il cane non sa cosa volete, sentirà il corrispettivo del nostro *"bla"* – *"bla"* – *"blabla"* – *"bllll"* – *"ba"*. Il comando va inserito quando avete l'impressione che abbia capito cosa fare, seguendo questa sequenza:

- comando (seduto);
- attesa dell'esecuzione ed eventuale aiuto spostando la mano;
- il cane esegue;
- *"bravooooooooo!"*;
- premio.

Resta seduto

Il segreto per avere un "resta" perfetto è di separare bene le difficoltà di questo esercizio e affrontarle una alla volta nel corso del lavoro. L'esercizio è complesso da eseguire per il nostro amico in quanto:

1. deve stare per molto tempo fermo nella stessa posizione (il primo obiettivo può essere un minuto);
2. non deve muoversi nonostante le distrazioni;
3. deve rimanere al suo posto anche se ci allontaniamo o se non ci vede.

Nei casi di iperattaccamento è normale che il cane faccia molta fatica a rimanere fermo soprattutto per il punto numero 3. Il nostro amico infatti mostra subito segni di ansia e non riesce a controllare il suo impulso di raggiungerci immediatamente.

È quindi molto importante che non "sommiate" le difficoltà, cioè:

1. se state cercando di incrementare il tempo, state sempre molto vicini al cane e fate in modo che ci siano poche distrazioni;
2. se lavorate in presenza di distrazioni (altri cani, persone, rumori, posto nuovo), chiedete all'allievo di rimanere fermo solo per pochi secondi e state sempre molto vicini a lui;
3. se vi allontanate o siete fuori vista, lavorate in un posto tranquillo e ben conosciuto e riducete il tempo di "resta" al minimo.

Solo dopo diverse settimane di lavoro, e comunque saltuariamente, chiedete al cane di rimanere fermo per il tempo stabilito, mentre voi vi allontanate anche in presenza di qualche distrazione.

Per testare le reazioni ansiose potete provare questo esercizio: recatevi in un posto all'aperto facendovi accompagnare da un vostro amico, al quale chiederete di tenere il cane mentre vi allontanate; le reazioni che il nostro amico potrebbe avere andranno dal pianto leggero (tipo pigolio) all'abbaio fino al dimenarsi per cercare di liberarsi dal collare. Più la reazione è concitata, più sarà necessario avere tranquillità nell'insegnamento dell'esercizio del "resta" e impiegare dei tempi maggiori. Come accennato, questo esercizio rappresenterà il nostro supporto principale per migliorare l'ansia del cane e quindi sarà molto importante che dedichiamo particolare attenzione ed energia a questo lavoro. La posizione di base da conoscere bene prima di iniziare l'insegnamento del "resta" è il "seduto". In effetti, se questo primo esercizio è stato ben recepito, il "resta" non è altro che un prolungamento del tempo del seduto.

Procediamo così:

1. diamo il comando seduto tenendo il guinzaglio del cane;

2. ci posizioniamo bene (se non lo siamo già) di fronte a lui a circa un metro;

3. aspettiamo cinque secondi e poi torniamo da lui e lo premiamo.

Il segreto sta nell'anticipare il cane quando sta per alzarsi, quindi dovrete essere molto veloci e utilizzare il guinzaglio e eventualmente la mano per bloccare il cane prima che si muova dalla posizione "seduto".

La prima sequenza sarà di 5” / 5” / 10” / 5” / 15”.

I primi giorni dovrete bloccare e riposizionare il vostro amico molte volte, dunque armatevi di pazienza.

Se dovesse essere particolarmente restio, state più vicini o addirittura anche accanto a lui.

La prima settimana non affrettate i tempi: più cercherete di essere veloci più il cane assocerà il “resta” a uno stress. Se invece agite con calma imparerà a rilassarsi in questa posizione. Fatto questo, potete passare alla seconda fase:

1. date il comando (ad es. “resta”);
2. andate di fronte al cane, sempre alla distanza massi-

ma di un metro, e tenete il guinzaglio in mano;
3. contate mentalmente fino a 30, tornate da lui e premiatelo;
4. date di nuovo il comando;
5. andate di fronte al cane e fate cadere il guinzaglio (senza abbassarvi), fate un paio di passi indietro e tornate velocemente verso di lui (non ci sono tempi di attesa);
6. ridate il comando (è il terzo);
7. posizionatevi di fronte a lui e girategli le spalle per cinque secondi;

8. tornate e premiate.

Anche in questo caso lavorate sufficientemente per permettere al cane di assorbire bene l'esercizio. Se ci mettete più tempo del dovuto non succede niente, se affrettate il cane non sarà pronto per l'ultima fase del lavoro, che consiste nella suddivisione in quattro esercizi differenti e separati aventi tutti lo stesso obiettivo (il "resta"), ma che agiscono ognuno su un fattore di difficoltà diverso.

Terra

Se avrete fatto bene i compiti con il "seduto" e siete già al lavoro per il "resta seduto", potete proseguire con l'esercizio successivo. Io di solito comincio a insegnare il "terra" dopo che il cane ha imparato il seduto senza che ci sia sempre il bocconcino o il premio e consiglio la stessa cosa a voi. Il "terra" infatti è abbastanza diffi-

coltoso e se il cane è già entrato nell'ordine di idee di ciò che stiamo facendo è molto meglio. Il procedimento è il solito: premio immediato e dopo qualche giorno cominciate a "posporre la gratificazione" (esattamente come avete fatto per il seduto). Vorrei solo chiedervi un po' più di pazienza perché ci metterà del tempo a eseguire correttamente l'esercizio. Oltre a eliminare in una fase successiva il premio, dobbiamo, dopo qualche giorno, iniziare anche a diminuire gli aiuti che gli forniamo; se inizialmente raggiungete con la mano il suolo, dopo un po' dovreste iniziare a fermarvi a qualche centimetro da esso e, molto gradualmente dovreste

cercare di rimanere sempre più in alto, fino ad arrivare a non dovervi più piegare. L'ideale sarebbe riuscire a ottenere il "terra" dando il comando vocale accompagnato da un semplice cenno con la mano verso il basso.

Una volta dato il comando "seduto", cerchiamo di guidare letteralmente il cane nella posizione sdraiata: spostiamo la mano col cibo dall'alto (vicino al suo naso) verso il basso (sul pavimento) e aspettiamo che il cane pieghi le zampe per raggiungere il premio.

Resta a terra

Se iniziate a insegnare questo esercizio quando il cane avrà appreso "seduto", "resta seduto" e "terra", non ci sarà molto lavoro da fare in quanto sarà sufficiente dare il comando "terra" e poi "resta", prima di allontanarsi dal cane.

Il mio consiglio è di utilizzare il "resta a terra" quando il cane deve rimanere per tempi lunghi anche se voi siete vicini (per esempio lo portate con voi al ristorante o al bar); invece il "resta seduto" può essere più utile per tempi brevi ma quando dovete allontanarvi dal cane (per esempio lo lasciate fuori dal bar).

Piede

Dietro nostra richiesta il cane dovrebbe essere capace di assumere la posizione canonica alla sinistra del conduttore, restando vicino alla gamba. Questo esercizio è veramente molto difficile poiché il nostro amico non solo non deve tirare al guinzaglio, ma deve anche starci perfettamente accanto senza precederci o rimanere indietro. In effetti, questo è un esercizio molto utile per far capire chiaramente al nostro allievo cosa vogliamo da lui, ma nella passeggiata giornaliera è da utilizzare

solo nelle situazioni in cui abbiamo bisogno di avere un completo controllo su di lui (attraversare una strada, passare in mezzo alla folla, camminare su un marciapiede stretto, eccetera). L'insegnamento deve cominciare in un posto molto tranquillo e senza distrazioni (anche in casa). Con l'ausilio di un bocconcino usato come "esca" guidiamo il cane nella posizione desiderata aiutandolo, se necessario, con la mano libera.

Il comando, come al solito, va dato solo dopo che ha capito l'esercizio e il premio deve essere elargito nell'esatto momento in cui è nella posizione corretta preceduto da un generoso *"bravo"*.

Non bisogna chiedere al cane di assumere la posizione senza l'aiuto della mano e del bocconcino prima di un paio di settimane e, comunque, l'ausilio dell'esca va ridotto gradualmente.

La sequenza ideale sarebbe: fare un paio di passi e poi fermarsi e farlo sedere (così non ha tempo di allontanarsi) per una decina di volte; in seguito i passi saranno tre o quattro e poi aumentati gradualmente.

Richiamo

In molte specie animali il richiamo ha una funzione fondamentale nell'ambito della socialità, della protezione e della sopravvivenza stessa. Per questo motivo non vedremo mai un gruppo di leoni o di lupi – ma anche di bisonti o di zebre – disertare una battuta di caccia per andare a fare una passeggiata o rimanere a bere nella loro pozza nonostante siano stati avvisati di riunirsi al branco per fare fronte a un attacco. Tutto dettato dalla necessità di mangiare, riprodursi e restare in vita.

Il nostro amico peloso, invece, mangia almeno due volte al giorno senza il pericolo che qualcuno gli porti via il pranzo, vive in un ambiente a dir poco sicuro e protetto e, in caso di incontri spiacevoli, ha accanto a sé un bipede sempre pronto a prendere le sue difese e a risolvere i suoi problemi. Tra questi, in alcuni casi, anche trovargli moglie o marito.

Perché il cane non risponde al richiamo?

Ricordo benissimo quando, da bambino, mia nonna mi chiamava dal balcone e inutilmente dava fondo a tutta la sua voce per cercare di recuperare il suo nipotino che, preso nel suo mondo di guardie e ladri e nascondino o dal torneo di calcio, aveva poche intenzioni di ritornare a casa. Questo è il nostro cane: un ragazzino entusiasta pieno di voglia di giocare, esplorare e conoscere, ma che difficilmente riesce a soddisfare completamente

questi suoi bisogni. Ed è proprio per questo motivo che, in situazioni del genere, tali stimoli rappresentano per lui qualcosa di veramente importante e una forte calamita che lo attira inesorabilmente e lo rende sordo ai nostri richiami.

Certo che anche noi abbiamo qualcosa da offrire al nostro amico quando risponde al richiamo: entusiasmo, coccole, carezza, giochi o cibo.

Il problema è che spesso tutto ciò gli è concesso anche quando non ha fatto nulla di speciale; a volte siamo noi che lo cerchiamo per coccolarlo, fargli le feste, convincerlo a giocare o per proporgli qualcosa di buono da mangiare. Tutto questo abbassa notevolmente l'importanza dei nostri gesti e, soprattutto, la nostra *leadership*.

La prima regola è quindi osservare bene l'ambiente che ci circonda prima di lasciarlo libero.

Nessuno lo conosce meglio di noi e credo che, con un po' di attenzione, saremo in grado di valutare la situazione e capire se ci sono degli elementi di disturbo che potrebbero impedirgli di "ascoltarci".

Abbassarsi, le prime volte, è buona abitudine.

Ha molta importanza anche il tono della voce, che dovrebbe essere suadente e invitante: neanche noi avremmo tanto entusiasmo se andassimo verso qualcuno che ci chiama in maniera sgradevole.

Esercizi

Ecco per voi alcuni esercizi molto utili per rinforzare il richiamo.

Nascondino: aspettiamo che sia distratto e proviamo a nasconderci per stimolarlo a cercarci anche dietro un piccolo invito (facciamo dei rumori, fischiamo o chiamiamolo sommessamente).

Ping Pong: fate trattenere il cane da un vostro amico e chiamatelo ripetutamente, premiandolo abbondantemente quando arriva. Fate eseguire la stessa cosa al vostro aiutante (anche lui ben fornito di bocconcini). Ripetete la sequenza più volte, alternandovi nel trattenere e chiamare.

Richiamo dal "resta": mettete il cane in posizione "seduto" e date il comando "resta" prima di allontanarvi da lui a una distanza che ritenete opportuna. Naturalmente in questo esercizio è fondamentale che abbia già imparato a stare fermo in vostra assenza. Una volta raggiunto il punto prestabilito, richiamatelo e premiatelo al suo arrivo.

Clown: con la ciotola in mano fate un po' gli "stupidi", camminate per casa continuando a chiamarlo come se non vi foste accorti che lui è già lì.

Ricordate che è importante l'immagine che il vostro cane ha di voi quando deve decidere se tornare o meno a un vostro richiamo; fate in modo quindi che vi associ sempre a qualcosa di positivo.

L'estinzione del premio

Per abituare il vostro amico cane a tornare anche quando non avete un premio, è utile lavorare seguendo questo schema:

1. chiamiamo il cane una prima volta e al suo arrivo elargiamo subito il premio (cibo o gioco) che avevamo già in mano;
2. lasciamo che si allontani e chiamiamolo una seconda volta, premiandolo sempre appena torna da noi;
3. nel terzo richiamo teniamo invece il premio in tasca (o, se ingombrante, dietro la schiena); quando il cane ci raggiunge, facciamogli dapprima molte feste e dopo qualche secondo diamogli il premio;
4. per la quarta ripetizione procediamo come per la prima, quindi con il premio immediato;
5. per la quinta ripetizione il premio dovrà essere collocato lontano da voi (a una decina di metri).

Quando l'allievo arriverà, lo accoglierete con la solita esaltazione e, successivamente, andrete a prendere insieme il premio nel luogo designato.

Nel caso non fosse possibile lasciare libero il cane per provare questi esercizi, procuratevi una lunghina, agganciatela al collare e lasciate andare il vostro amico. In caso di emergenza potrete recuperarlo più facilmente, bloccando la corda con i piedi.

Ricordate che l'obbedienza del cane dipende dalla vostra capacità di essere un buon *leader* e quindi cercate di non perdere mai la pazienza. Non innervositevi, siate calmi e muovetevi in maniera sicura e determinata, dirigendo sempre lo sguardo davanti a voi senza far trasparire apprensione.

Socialità ed equilibrio

Il nostro cane ha un rapporto molto particolare con il mondo che lo circonda ma, spesso, si possono trovare delle similitudini con il nostro modo di percepire la realtà. Una volta che le esigenze di base sono soddisfatte (cibo e sicurezza) il cane sente la necessità di condividere la propria esistenza con altri esseri e di interagire in vari modi con loro. Il rapporto con il branco è in linea di massima abbastanza lineare, a volte persino monotono, avendo lui imparato a conoscere ogni aspetto del carattere e dei comportamenti della sua famiglia. Stesso dicasi per l'ambiente, la casa, eccetera.

Davvero eccitante è invece l'incontro con i membri esterni al suo branco e la scoperta di ciò che il mondo ha da offrire. Questo bisogno non ha nulla a che vedere con il rapporto che ha con noi. Per quanto possa stare bene insieme ai suoi familiari, avere un posto fantastico in cui vivere ed essere seguito in ogni sua iniziativa, la necessità di creare nuove connessioni e confrontarsi con le novità è basilare per la formazione del carattere del nostro amico.

Nei primi cinque mesi di vita questa dovrebbe essere l'attività principale per il nostro cane. In questo periodo il piccolo memorizzerà tutto ciò con cui viene a contatto e creerà nella sua mente l'idea del mondo che lo circonda.

In una fase successiva questa conoscenza gli permetterà di stringere dei veri e propri rapporti esterni e, soprattutto, di sapersi comportare correttamente in ogni situazione, senza paura, ansia o nervosismo.

Calvin è un bouledogue francese di quattro mesi e Massimo, il suo proprietario, lo desiderava ardentemente da molto tempo. Avendo un proprio negozio di abbigliamento, Massimo ha la possibilità di portare il cane molto spesso con sé al lavoro. Dopo un'abbondante passeggiata al mattino, Calvin prende la metropolitana con il suo compagno umano e per una decina di minuti è immerso nel caos: persone di vario genere, odori di tutti i tipi e rumori forti. È circa un mese che i due seguono questa *routine* e dopo i primi giorni di smarrimento Calvin si trova talmente a suo agio in questa situazione che non manca di dispensare feste a chiunque, inavvertitamente, lo guarda per più di qualche secondo. Se gli rivolgono la parola è un po' frenetico nel manifestare la sua gioia ma questo, per Massimo, non rappresenta un problema. Il suo atteggiamento è sempre stato perfetto anche quando, le prime volte, il cane si bloccava quando sentiva aprire le porte del treno o quando, in momenti di particolare confusione, si faceva piccolo piccolo e si rifugiava tra le sue gambe. Non avendo Massimo mai dato peso a questi comportamenti, poco dopo Calvin si era trasformato in un perfetto animale metropolitano. In negozio ha imparato che ci sono dei frangenti in cui è necessario che stia nella sua cuccia e quindi rispetta i momenti in cui Massimo è impegnato con i clienti. Quando non può portarlo con sé, il suo padrone si assicura di fargli fare una passeggiata più lunga, di farlo giocare e di lasciargli qualcosa da sgranocchiare in sua assenza (e anche da ascoltare, visto che gli viene lasciata la radio sempre accesa). Nel *week-end* a volte Massimo ama starsene a casa a poltrire e altre volte adora farsi delle lunghe passeggiate in montagna. Sia nell'una sia nell'altra ipotesi, Calvin è il compagno ideale. Essendo sempre appagato riesce a godersi una giornata sul divano a guardare la tv insieme al suo compagno umano e, allo stesso tempo, è un vero "stambecco" quando si tratta di avventurarsi in qualche percorso di *trekking* e andare alla scoperta di posti nuovi.

Il segreto di questo rapporto idilliaco è l'atteggiamento che Massimo ha avuto nell'occuparsi delle esigenze del suo amico:

a. l'ha sempre responsabilizzato chiedendogli un comportamento "collaborativo", ignorando i suoi atteggiamenti di timidezza e limitando quelli di irruenza con molta naturalezza; ama portarlo con lui ma non si mai è fatto problemi a lasciarlo da solo;

b. ha sempre dedicato molto tempo alle sue uscite, dandogli occasione di stancarsi fisicamente e di appagarsi mentalmente incontrando e giocando con altri cani e persone;

c. ama il suo cane alla follia, ma non è apprensivo; non lo tratta come un pupazzo, ma lo fa sentire un vero amico e compagno di avventure;

d. concede al cane di condividere molti momenti con lui ma è molto chiaro e deciso quando ha bisogno che se ne stia buono al suo posto e non disturbi;

e. organizza spesso delle super giornate da passare assieme per esplorare e scoprire posti nuovi.

Se il vostro cane ha difficoltà a socializzare con altri cani o persone o a stare in posti nuovi, cercate di seguire uno schema di rieducazione che lo porti, lentamente, a recuperare il suo normale istinto sociale. Non mi stancherò mai di ripetere che il segreto è il nostro atteggiamento: il cane che soffre di ansia non ha bisogno di essere compatito né coccolato o rassicurato. Ha bisogno di acquisire maggiore fiducia in voi e questo può accadere solo nel momento in cui inizierete a essere privi di apprensione e carichi di gioia ed entusiasmo, senza alcuna paura di "farvi male" nella vita, ma capaci di affrontare tutto con grande coraggio.

Padronanza

Il cane è il nostro compagno di sventura. Migliaia di anni fa correvamo liberi assieme in un mondo fantastico senza confini e con poche, semplici regole. Certo, la vita non era facile e le giornate venivano dedicate alla sopravvivenza: cacciare, procurarsi il cibo, costruire un riparo sicuro, difendersi dai nemici e dalle intemperie. Il lupo, antenato del cane, era sempre più addomesticato ma conduceva comunque una vita libera e il legame con l'uomo rappresentava ancora una scelta più che una necessità. Noi, sono sicuro, lavoravamo molto meno di otto ore al giorno e per quello che riguarda i nostri vincoli avevamo molte più possibilità di decidere come condurre la nostra vita o, perlomeno, come organizzare una giornata.

Un giorno l'uomo ha deciso di vendere la sua libertà con l'illusione che in questo modo la sua vita sarebbe stata molto più semplice e, soprattutto, più sicura. Niente di imprevisto sarebbe più accaduto e le giornate, tutte uguali l'una all'altra, si sarebbero susseguite senza sorprese per innumerevoli anni.

Il cane, dal canto suo, non ha fatto altro che adattarsi e seguirci in questa scelta di vita. E più l'uomo diventava dipendente dalla società, più chiedeva al cane di assoggettarsi alle stesse regole e di trasformare quella che era una bellissima cooperazione in una completa dipendenza.

Ciò che adoriamo nel nostro cane è la sensazione che ci dà riportandoci a un meraviglioso e naturale passato. Possiamo ancora sentire, quando siamo accanto a lui, il profumo della foresta e vedere nei suoi occhi l'eccitazione nel cominciare una nuova giornata. Toccandolo ci trasmette la felice sensazione di pace e serenità che solo l'appagamento del vivere pienamente ogni momento ci può dare. Ma è proprio questa identificazione che ci deve guidare e spingere a recuperare parte di questa ancestrale unione. Possiamo iniziare con una semplice passeggiata nei boschi, una gita in campagna o al mare, un bagno in un fiume. Iniziate col correre assieme a lui, sentire gli odori e meravigliarvi per ogni cosa che vi circonda. Una volta risvegliata la nostra natura, niente potrà portarcela via anche quando saremo in mezzo al traffico cittadino o avremo avuto una pessima giornata di lavoro. Provate a immaginarvi completamente superiori a tutto ciò che può accadere attorno a voi. Siete capaci di condividere dei bei momenti in qualsiasi situazione, in qualunque contesto e in ogni momento perché la vostra complicità e il *feeling* che avete sviluppato è frutto di un'unione che dura da migliaia di anni e voi siete tra i prescelti. Siete stati capaci di andare oltre ogni schema e di capire quanto sia semplice ciò che gli altri vogliono farvi sembrare complesso. Il vostro cane non si lascerà mai influenzare dalla pubblicità e dalla competizione; lui sa bene cosa vuol dire essere genuino e contento senza far dipendere la sua realizzazione da qualcosa di esteriore o dell'approvazione degli altri. Gli interessa solo la vostra. E voi avrete sempre la sua. Qualsiasi cosa facciate non vi giudicherà mai, perché lui crede in quello che siete e non si ferma a guardare quello che spesso siete costretti a fare. Non ce l'avrà mai con voi perché dovete andare al lavoro e quindi siete obbligati a lasciarlo da solo, ma rimarrà male se vi vede tristi e scontenti della vostra vita, se ce l'avete con qualcuno o se siete frustrati; rimane malissimo quando urlate perché capisce quanta disperazione c'è in voi. Adora quando ridete e quando saltate per l'entusiasmo. Gli piacerebbe anche che ogni tanto vi rotolaste per terra e che gioiste come un bambino che vede il mare.

Voi e il vostro cane. Che squadra perfetta! Sempre pronti a darvi una mano e a tirarvi su nei momenti difficili. Ricordatevelo ogni volta che il vostro migliore amico vi fa arrabbiare o il suo comportamento vi preoccupa. Ha solo bisogno di aiuto e di ritrovare, assieme, il suo equilibrio. Lui farebbe lo stesso per voi, anzi probabilmente lo ha già fatto parecchie volte.

La padronanza è quella bellissima sensazione che avete quando tutto il mondo sembra disegnato per voi. Vi sentite sicuri, entusiasti ma allo stesso tempo sereni. Sorridete spesso e vi concentrate su ogni azione come se quel momento fosse il più importante della giornata. Credo che se riuscirete a dedicarvi al vostro cane nella maniera corretta imparerete tantissimo anche su di voi e sulla vita. Capirete quanto tutto è fondamentale ma che poche cose sono realmente vitali e che c'è una bella direzione che potrete prendere e che vi porterà a essere una persona felice e realizzata da subito grazie a quello che avete già.

Bibliografia

Michele Caricato, *Un Cane da Favola*, ilmiolibro.it, 2012;

Mark Rowlands, *Il lupo e il filosofo*, Mondadori, 2011;

Claude Beata, *La psicologia del cane*, Erickson, 2005;

Joël Dehasse, *Tutto sulla psicologia del cane*, Point Veterinaire Italie, 2011.

Consigliamo

Un libro per donne, bambini e uomini che amano i gatti e per gatti che amano i loro amici/padroni. Un testo che spiega e racconta un amore millenario tra due protagonisti della storia sociale che da sempre comunicano con parole e fusa.

Collana Grandangolo

1. B. Fabiani, ***Fare l'amore a Roma***, € 17,00
2. R. Dati, ***Il viaggiatore responsabile***, € 14,00
3. M. Buemi, ***Birmania. Oltre la repressione***, € 16,00
4. O. Molteni Piro, ***Non spaventarti, Federico***, € 13,00
5. Y. Khadra, U. C. Ali Farah, ***Sogni di sabbia***, € 15,00
6. AA VV, ***Come un uomo sulla terra***, libro+doc. in DVD, € 15,00
7. G. Del Grande, ***Roma senza fissa dimora***, € 12,00
8. S. Resta, ***La bomba di Firenze***, € 12,00
9. A. Mantovani, ***E viene Natale***, € 12,00
10. L. Leone, ***100 ottime ragioni per non amare Roma***, € 15,00
11. M. Buemi, ***Sudafrica in bianco e nero***, € 15,00 (fotografico)
12. G. Del Grande, ***Il Mare di Mezzo***, € 15,00
13. F. Sanfilippo, A. Scialoja, ***A Lampedusa***, € 13,00
14. A. Zamboni, ***L'ultimo quadro di van Gogh*** (+cd), € 15,00
15. F. Cordio, ***L'occhio di Cordio***, € 15,00
16. F. De Filippo, ***Monnezza***, € 11,00
17. A. Camilleri, F. De Filippo, ***Questo mondo un po' sgualcito***, € 12,00
18. M. Bello, A. Demarchi, ***Haiti. L'innocenza violata***, € 13,00
19. G. Distefano, ***Il teatro di Emma Dante***, € 17,00 (fotografico)
20. P. Sassano, ***Alias MM***, € 16,00
21. M. Squillace, ***Chernobyl, scatti dall'inferno***, € 17,00 (fotografico)
22. C. Ruggeri, ***Papà Mekong***, € 15,00

23. G. Valenti con Claudio Baglioni, ***Cose dell'altro mondo***, € 13,00
24. L. Burei, ***Baby Marketing***, € 11,00
25. G. Albanese, S. Pillon, ***Cliccate e troverete***, € 10,00
26. E. Galli, ***Cantieri***, € 12,00
27. AA.VV., ***Diversità urbana***, fuori commercio (fotografico)
28. R. Parenzan (a cura di), ***Babel Hotel*** (+ cd), € 17,00
29. D. Scaglione, ***La bicicletta che salverà il mondo***, € 12,00
30. D. Guarino, C. Brilli, M. D'orzi, ***Ribelli!***, € 18,00 (libro+dvd)
31. A. Satta, ***Ci sarà una volta***, € 12,00 (illustrazioni di S. Staino)
32. M. Buemi, ***Diversamente Svezia***, € 12,00 (fotografico)
33. F. De Filippo, G. Pittella, ***Sull'orlo del baratro***, € 12,00
34. Medici per i diritti umani, ***Città senza dimora***, € 15,00
35. ActionAid, ***Il diritto di cambiare***, € 12,00
36. G. Acconcia, ***La Primavera egiziana***, € 13,00
37. A. Milazzo, ***Anahí del mare***, € 13,00
38. C. Soh-Moubé, ***La trappola***, € 13,00
39. M. Cortesi, ***L'Esecutore***, € 15,50
40. M. Falcone, ***Carceri, lo spazio è finito***, € 11,00
41. E. Barnabà, ***Il Partigiano di Piazza dei Martiri***, € 13,00
42. L. Garofano, R. Diaz, ***I Labirinti del male***, € 14,00
43. T. Bugari, ***In bicicletta lungo la Linea Gotica***, € 14,00
44. D. Tazzioli, ***La scuola diversa***, € 12,00
45. Medici per i diritti umani, ***Arcipelago CIE***, € 15,00
46. N. Lodato, ***Il caso Duepiù***, € 12,00
47. F. Ivardi Ganapini, D. Cassinelli, ***Sulla strada con...***, € 11,00
48. A. Liguoro, ***Nola, cronaca dall'eccidio***, € 14,00
49. A.R. Boccafogli, ***Nel grembo delle Ande***, € 12,00
50. G. Morrione, ***Madri e figlie*** (fotografico), € 25,00
51. D. Lisignoli, ***Di mano in mano*** (fotografico), € 12,00
52. D. Scaglione, F. Kankindi, ***Rwanda, la cattiva memoria***, € 12,00

53. L. Santoni, ***Fusa e parole tra umanità e gatti***, € 12,00
54. C. Albanese, ***Napoli e la seconda guerra mondiale***, € 15,00
55. I. Carrone, ***Le Donne della Resistenza***, € 12,00
56. E. Barnabà, ***Il sogno dell'eterna giovinezza***, € 15,00
57. R. Diaz, ***Non succederà mai più***, € 12,00
58. D. Di Fiore con R. Ormanni, ***Ragazzi con la bandana***, € 13,00
59. M. Caricato, ***Non mi piace stare solo***, € 12,00
60. E. Barnabà, ***Aigues-Mortes, il massacro degli Italiani***, € 13,00
61. D. Zanon, ***Nina nella Grande Guerra***, € 14,00
62. D. Scaglione, ***Le storie che costellano il cielo***, € 14,00
63. G. Marchitelli, ***Il barbiere zoppo***, € 16,00
64. A. Barbieri, ***120 giorni***, € 12,00
65. A. Merusi, ***La sfida di oggi***, € 12,00
66. L. Garofano, L. Puglisi, ***La prepotenza invisibile***, € 15,00
67. P. Patfoort, ***Mamma viene a morire da noi domenica***, € 15,90
68. S. Girimonte, M. Maccagnani, In ***attesa***, € 15,00
69. D. Lisignoli, ***Fianco a fianco*** (fotografico), € 15,00
70. A. Cattani, P. Giovanardi, M. Guerrieri, ***Capitale garantito***, € 10,00
71. C. Carere, G.G. Ruzzu, ***Incubo radioattivo***, € 15,00
72. C. Ruggeri, ***I dannati***, € 14,00
73. M. Squillace, ***Cuba resiste***, € 14,00
74. M. Ciliberti, S. Ciliberti, D. Di Fiore, ***Martina***, € 12,00
75. R. Ferrari, ***Cauriòl, la montagna del riscatto***, € 13,00
76. F. Speranza, ***Messico in bilico***, € 15,00
77. M. Cedarmas, D. David, ***Memorie da due mondi***, € 15,00
78. D. Zanon, ***L'ultimo barile***, € 15,00
79. E. Barnabà, V. Trentin, ***Il Passo della Morte***, € 14,00
80. E. Savasta, ***Liberi dentro***, € 14,00
81. U. Mancini, ***Sotto la cenere***, € 14,00; II ed. aggiornata, € 15,00
82. Amnesty International, ***La situazione dei diritti umani nel***

mondo, € 15,00
83. M. Tremamunno, ***Venezuela, l'Eden del diavolo***, € 14,00
84. F. Volpe, ***La Toscana in Renault 4***, € 15,00
85. D. Di Fiore, G. Manzo, ***Storie di incredibile felicità***, € 12,00
86. Amnesty International, ***Rapporto 2019-2020,*** € 14,90
87. F. Nurra, ***Vite di strada***, € 14,00
88. E. Barnabà, ***Il sogno babilonese***, € 12,00
89. A. Domenighini, ***Reparto Paternità,*** € 10,00
90. L. Leone, ***Harlem,*** € 17,00
91. C. Falleti, ***L'esodo,*** € 13,00
92. S. Milioni, ***In attesa di riprendere il volo,*** € 13,00
93. F.E. Lovascio, ***Gounou,*** € 15,00
94. M. Casarola, ***Nella notte delle stelle cadenti,*** € 14,00
95. G. Mezzabotta, ***A viverci è tutta un'altra storia,*** € 14,00
96. R. Noury, ***Molla chi boia,*** € 12,00
97. S. Montaño, a cura di D. Argiropoulos, ***Aquí estamos,*** € 15,00
98. R. Botturi, ***Il paradiso è un posto con un Vermentino in frigo,*** € 16,00
99. G. Spera, ***Diario di una pozzanghera,*** € 14,00
100. G. Mezzabotta, ***Dove la polvere ti brucia gli occhi***, € 15,00
101. R. Noury, ***Qatar 2022, i Mondiali dello sfruttamento***, € 12,00
102. O. Molteni Piro, ***Schegge***, € 12,00
103. P. Larese, ***Accadde a Creta (1941-1945)***, € 17,00
104. G. De Mola, ***Umanità in bilico***, € 17,00
105. L. Gambetta, ***Pedalando per la libertà***, € 13,00
106. A. Roncarolo, ***Quel silenzio in fondo al mare***, € 14,00

Non mi piace stare solo

Prima edizione: maggio 2015

Isbn: 9788868610838
www.infinitoedizioni.it
info@infinitoedizioni.it
Facebook: Infinito edizioni
Twitter: @infinitoed